Unit Girls 単位

キャラクター事典

文・監修 星田　直彦
イラスト 姫川たけお

メートル

キログラム

モル

OHM
Ohmsha

はじめに

● 130年ぶりのキログラムの改定 ●

　メートル、キログラム、秒、……。私たちは、毎日の生活の中でたくさんの単位を使っています。しかし、単位があるのは当たり前、単位を使うのも当たり前、みんなが同じ単位を使っているのも当たり前……、当たり前すぎてその恩恵を忘れがちです。

　昨年（2019年）は、そんな「単位」が注目される年になりました。歴史的な年になったといってよいでしょう。国際単位系（SI）の基本単位であるキログラム［kg］の定義が、130年ぶりに改定されたのです。それだけではありません。同じく基本単位である電流の単位アンペア［A］、熱力学温度の単位ケルビン［K］、明るさの単位カンデラ［cd］、物質量の単位モル［mol］の定義も同時に改定されました。基本単位の定義が一度にこんなに改定されたのは、単位の歴史上で初めてのことです。

● 単位をキャラクターに!? ●

　そんな歴史的な節目に、みなさんに画期的な一冊をお届けします。

　この本では、おなじみの単位から聞いたこともないような単位まで、120以上の単位をわかりやすく紹介しています。どこからでも読める作りになっていますから、興味のあるところからページを開いてみてください。

　また、この本では大きな挑戦をしています。理系イラストレーターの姫川たけおさんが、単位を魅力的なキャラクターにして描いてくださいました！　見て楽しく、読んでわかりやすい本ができあがったと自負しています。「楽しい事典」として、ワクワクして楽しんでいただければ幸いです。

2020年8月

星田　直彦

目　次

序章

そもそも単位とは

単位とは何か
ポチの体重を漬け物石で表す!?

そもそも「単位」とは？

メートルやキログラムなど、私たちはすでに多くの単位を使っています。使わずに生きていくことなど、考えられません。単位は、それくらい身近なものです。しかし、そこを敢えて問うてみます。「単位」とは何でしょう？

順を追って説明します。

私たちは、本を数えるときに「冊」、紙を数えるときに「枚」などを使います。しかし、これらは厳密には、「単位」とは呼びません。「冊」や「枚」、「個」や「台」などは**助数詞**と呼ばれ、「**単位に準ずるもの**」という扱いです。

たとえば、「イヌを何匹飼っていますか？」と尋ねられて、Aさんが「3匹です」、Bさんが「5です」と答えたとしましょう。

Bさんの答えは数だけです。「匹」が使われていません。これだと、なんだかぶっきらぼうで、幼い答え方のように思われるかもしれません。しかし、この答え方でも、必要な内容は相手にきちんと伝わります。間違って伝わるという心配はなさそうです（『二十四の瞳』という名作小説もありますよね！）。つまり、助数詞は必ず使わなければならないというものではないわけです。

助数詞	数えるもの	例
個	小さいもの	消しゴム、石、お菓子、たまご
台	乗り物、機械など	自動車、自転車、機械、ピアノ
冊	本や雑誌	本、雑誌
本	細くて長いもの	鉛筆、ペットボトル、道、ギター
枚	薄くて平たいもの	紙、皿、シャツ、煎餅（せんべい）
匹	生き物	犬、猫、ウサギ、魚、虫
羽	鳥など	鳥、ウサギ

■ 数えられるか、数えられないか

　本や紙、イヌやウサギ、トラックやヨットは、「**数えられる**」という特徴があります。これらは（多少の違和感はありますが）「本」や「枚」を付けなくても、その「量」を表すことができます。このような量は、「**離散量**_{りさん}」または「**分離量**」と呼ばれます。

　ところが、自分の身長、愛犬の体重、テーブルの面積、牛乳の体積、目的地までの時間、新幹線の速さ、バーベルを持ち上げる力、懐中電灯の明るさ……のように、「**数えられない**」場合があるのです。このような量は、「**連続量**」と呼ばれます。

　では、「数えられない量」は、どのようにして表せばよいのでしょうか？

　たとえば、こんな方法が考えられます。

　　① ポチの体重は、わが家の漬け物石の 3 個分です。

　　② 私の身長は、2 L のペットボトル 6 本分です。

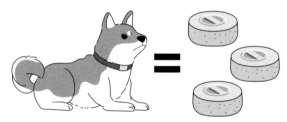

　うまい方法です。簡単に言えば、「〇〇のいくつ分」という表し方をするのです。

　数えられない量には、「1」に当たるものがありません。だから、漬け物石であったり、ペットボトルであったり、誰かが「1」に当たるものを決めなければいけません。「1」に当たるもの —— それが「**単位**」なのです。

　一方、本や鉛筆などは、特別なことをしなくても 1、2、3、……と数えることができるので、単位は必要ありません。

物差しのスゴさ
長さは、長さで測る！

▨ 「物差し」と「定規」

　では、実際に長さを測る場合、みなさんはどうしていますか？　物差しを使いますか？　それとも、定規を使いますか？　数学の先生は、「物差し」と「定規」を区別して呼んでいます（と思います）。

　「物差し」といえば、物の長さを測る道具のことです。竹、鉄、紙、プラスチックなどで細長く作られ、それに目盛りが付けられています。巻き取り可能な「巻き尺」、折りたたみ可能な「折り尺」といったタイプもあります。

　一方、**「定規」**は、線を引いたり、物を切ったりするときに当てて用いる道具のことです。まっすぐな線を引く「直定規」、製図で使われる「Ｔ定規」、小学校でおなじみの「三角定規」、曲線を引くときに使われる「雲形定規」や「たわみ定規」などがあります。

　簡単に言えば、物差しと定規は、使い方の違いで名前が違うわけです。したがって、使う人が気にしなければ、物差しを定規として使用してもかまいませんし、定規に目盛りが付いていれば物差しとして利用することも可能です。実際には、1本の細長いまっすぐな板に、物差しと定規の両方の機能を兼用させている場合が多いでしょう。しかし、「物差しで線を引く」や「定規で長さを測る」という表現は、本当はおかしいのです。

▨ 長さをどうやって表すか？

　私たちは長さを測るときには、普通、物差しを使いますが、物差しを使うと何が便利なのでしょう？　そもそも、私たちはどうやって「長さ」を測っているのでしょう？　ゆっくりと考えてみましょう。

　私は、**「長さは、長さで測る」**と言っています。

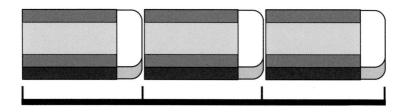

　上の図を見てください。太線に沿って、消しゴムが並べられています。この状況だと、「太線の長さは、消しゴム3つ分だ」ということができます。太線の長さを、消しゴムの長さを使って表したわけです。「長さは、長さで表す」とは、こういうことです。この場合では、消しゴムの長さが、長さの「単位」として使われているわけです。

世紀の大発明！

　上の図だと、並べた消しゴムは3つですから、大したことはありません。でも、もっと長い物体を測るときのことを想像してみてください。

　　　① たくさんの消しゴムを用意しなければならない。

　　　② たくさんの消しゴムを並べなければならない。

　　　③ たくさんの消しゴムを数えなければならない。

　これは大変です。そこで、発明されたのが「物差し」です。

　1回だけ苦労してください。たくさんの消しゴムを、まっすぐに並べます。それにまっすぐな板を当てて、消しゴムの長さを1つ分ずつ丁寧に板に刻んでいきます。これが「**目盛り**」です。5個並べたところに「5」、10個並べたところに「10」と書いておけば、あとでとても便利です。

　こうしてできあがった道具（物差し）を使えば、先の3つの「〜なければならない」から解放されて、知りたい物体に当てて目盛りを読み取るだけで、簡単に長さを測ることができるのです。これは世紀の大発明だと思いませんか？

「キュービット」と「スタディオン」
身体や人の能力から生まれた単位

身体尺とは？

　先ほどは「長さの単位」として「消しゴム」を使いました。自分だけ、あるいは身近な人たちだけが使う目的なら、長さの単位として消しゴムを採用しても困ることはないでしょう。毎朝使っているコーヒーカップの直径でも、お気に入りのぬいぐるみの身長でもかまわないのです。しかし、もちろん、こんな例は一般的ではありません。

　長さの単位は、多くの人が利用するものです。したがって、誰にとっても身近なもので、それを聞いたときに「あぁ、あのくらいの長さだね！」とわかりやすいものが望まれます。それは、なんといっても人の体の部分ではないでしょうか。

　手に関するものだけでも、手の幅、手の長さ、親指の幅、ひじから指の先までの長さ、両手を広げた幅など、たくさんあります。このような身体に基づく単位は、「身体尺」と呼ばれます。

身体尺「キュービット」

　では、ここで、「メートル」の大先輩である長さの身体尺をいくつか紹介しましょう。

「キュービット（cubit）」は、古代のエジプトやメソポタミアなどで使われた身体尺の1つです。腕を曲げたときのひじから中指の先までの長さを単位としました。もちろん、地域や時代、用途によってその長さが少しずつ異なりますが、1キュービットはだいたい50cmくらいです。古代エジプトでは、ファラオ（王）の腕を使って公式のキュービットが定められていました。

パーム

キュービット

したがって、ファラオが変わるとキュービットも変わるなんてことがあるわけです。現在もエジプトに残っている多くのピラミッドは、この「キュービット」を用いて精密に作られました。

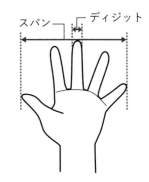

「**スパン（span）**」という単位は、手のひらを広げたときの親指の先から小指の先までの長さに由来します。「もっと長いスパンで将来を考えて……」などと言いますよね。スパンは、キュービットの半分の長さに当たります。みなさんも、自分のスパンで自分のキュービットを測ってみてください。ちょうど2つ分くらいのはずですよ。

さらに、人差し指から小指までの指4本分の幅に由来する「**パーム（palm）**」、指1本分の幅に由来する「**ディジット（digit）**」という単位もあります。ディジットは、デジタル時計などの「**デジタル**」の語源です。

🏟 人の能力に基づく「スタディオン」

人体の部分そのものではなく、人の能力に基づく身体尺というものもあります。その中で、ギリシャ時代やローマ時代に使われた「**スタディオン**」という単位の由来は、かなりユニークです。

朝、太陽が地平線から現れ始めてから完全に姿を見せるまでの間に歩く距離——それがスタディオンです。太陽が太陽1つ分の角度だけ移動する時間はおよそ2分。この間に歩く距離が1スタディオンで、約180mになります。

古代のオリンピックでは、競争の最短距離が1スタディオンでした。競技場には1スタディオンの直線コースが設置され、それ以上の距離の競走の場合は走路を往復して行われました。競技用のスペースと観覧席が備わっている建造物を「スタジアム」と呼ぶようになったのは、このことが由来です。

国際単位系 SI
みんなで同じ単位を、同じルールで使おう！

■ 普遍単位とは？

　私たちは、「ひじから中指の先までの長さ」を長さの単位とすることができます。また、「飼い犬の体重」や「お気に入りのカップの容量」を質量や体積の単位にすることもできます。家族の中でなら、このような単位のほうがわかりやすいかもしれません。

　しかし、このような単位を自分の家族以外の人に「使ってほしい」とお願いすることは困難でしょう。そこで、広いエリアで誰もが使える「普遍単位」が望まれるわけです。それには、権威を持った人物や組織が、単位の統一を呼びかける必要があります。

　中国最初の統一王朝を築いた秦の始皇帝（紀元前 259 ～ 210 年）は、度量衡を統一し、基準となる量器を全国に配布しました。日本では、豊臣秀吉（1537 ～ 1598 年）が検地の実施の際に面積の単位を統一したこと、体積の基準となる京枡を制定したことがよく知られています。

■ 国や地域を越えて使用できる単位を

　次に望まれたのは、国や地域を越えて誰もが使用できる共通の単位でした。もし、それが実現すれば、どれほど便利になることか！

　その機運は、17 世紀末のフランス革命の頃からありました。しかし、単位の国際的な統一を目指した「**メートル条約**」が結ばれたのは、1875 年のことでした。この条約に基づき、単位を管理するための国際機関も設立されました。

　当初、メートル条約は「長さ」と「質量」だけを対象としていました。そして、世界共通の単位としてメートル［m］とキログラム［kg］が採用されました。これは、「長さの単位は、キュービットやヤード、尺などたくさんあるが、これからはメートルだけにする。また、質量の単

位も、ポンドやオンス、貫などがあるが、これからはキログラムに統一する」——ということです。これは、画期的なことでした。

　ちなみに、メートル条約が締結された 5 月 20 日は、「**世界計量記念日**」とされています。

国際単位系のスタート

　1954 年には、「**国際単位系**」がスタートしました。この略称は、フランス語の Systeme International d'Unites の頭文字から **SI** とされています。この本では、これから何度もこの言葉が登場しますよ。

　さて、国際単位系 SI では、現在、次の 7 つの単位を**基本単位**としています。

　　① 長さ　メートル［m］　　　② 質量　キログラム［kg］
　　③ 時間　秒［s］　　　　　　④ 電流　アンペア［A］
　　⑤ （熱力学）温度　ケルビン［K］　⑥ 光度　カンデラ［cd］
　　⑦ 物質量　モル［mol］

もしかしたら、あまり見聞きしない単位があるかもしれません。その
ときは、ぜひ、それぞれの単位の定義を確認してみてください。その厳
密さに、きっと驚かれると思います。

■ SI が大切にしていること

「使いやすい単位」を目指して、国際単位系の単位（SI 単位）では、
次のようなことを大切にしています（番号は、私が重要度を考えて付け
たものです）。

　　　① 国際的な機関できちんと定義されている。

　　　② 1 つの量に対して、（なるべく）1 つの単位を使う。

　　　③ 必要な単位は、基本単位から組み立てる。（**組立単位**）

　　　④ 十進法を用いる。

　　　⑤ 大きな量、小さな量を表すときには、接頭語（**接頭辞**）を用
　　　　いる。

　ここでは③について、簡単に説明しておきます。

　前のページで、国際単位系 SI の 7 つの基本単位を紹介しました。し
かし、お気づきのように、ここには面積の単位も体積の単位もありませ
ん。

　これは、面積や体積の単位についてはどうでもよい——ということで
はありません。せっかく長さの基本単位を「メートル」に統一したのに、
面積の単位について「坪」でも「エーカー」でも何でもよいとなれば、
換算するのがやっかいですし、単位を統一した意味が薄れてしまいます。

　そこで、必要な単位は基本単位から組み立てます。面積の単位ならば、
長さの基本単位である ［m］ を使って、［m］×［m］=［m²］（平方メー
トル）、速さの単位ならば ［m］÷［s］=［m/s］（メートル毎秒）とい
う具合です（［s］は、［秒］を表しています）。

　誰もが使いやすい単位には、このような首尾一貫性が求められます。
首尾一貫性を備えた単位のシステムが、「単位系」です。

キャラクター図鑑 Part 1

m（メートル）／尺（しゃく）／yd（ヤード）／M（海里）／

a（アール）／L（リットル）／升（しょう）／kg（キログラム）／

N（ニュートン）／Pa（パスカル）／s（秒）／

m/s（メートル毎秒）／°（度）／A（アンペア）／Ω（オーム）

m

メートル／ metre

以前は原器が
1mの基準として
用いられていた。

光が一定時間に
進む距離として
定義されている。

かつてダンケルク－バル
セロナ間の測量をもとに
1mの長さが決定された。

量	長さ	系	SI 基本単位

定義　1秒の $\dfrac{1}{299\ 792\ 458}$ の時間に光が真空中を伝わる

　　　行程の長さ

備考　「メートル」は「測る」を意味するギリシャ語に由来

フランス発 全世界共通の長さの単位 基準は地球の子午線から光の速さへ

地球から生まれた長さの単位

　18 世紀末、世界にはたくさんの「長さの単位」があふれていました。国が違えば、単位も違う——というのは想像ができますが、同じ国内でも、地域によって、時代によって、また測定の対象によって、さまざまな単位が使われていました。このような状態では、商取引でいちいち換算が必要になりますし、科学の研究もスムーズに行えません。そこで、フランスの政治家**タレーラン**（1754 ～ 1838 年）は、全世界共通の単位を作ろうと思いつきました。

　それには、世界が納得する単位にする必要があります。そこで、長さの単位の由来として目を付けられたのが、「地球」です。北極から赤道までの経線の長さの 1000 万分の 1 を、長さの基本にしました。これが、メートル［m］です。

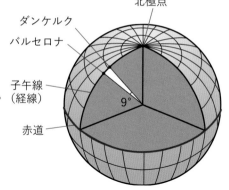

北極点

ダンケルク

バルセロナ

子午線
（経線）

赤道

9°

長さの基本単位

　メートル［m］は、国際単位系 SI の「長さ」の基本単位です。日本がメートル条約加盟国になったのが 1885 年。日本が長い間使ってきた「尺貫法」を廃止して、メートル法に統一したのが 1959 年。したがって、日本ではすでに 130 年以上、メートルを使い続けていることになります。日本では、長さの単位といえばメートルです。

　地球を基準として生まれたメートルですが、その後、科学技術が飛躍的に進歩し、今では光の速さをもとに定義されています（p.64）。

広げた手の親指の先
から人差し指の先ま
での長さに由来する。

和裁などでは鯨尺
（くじらじゃく）が
使われることも。

一般には曲尺
（かねじゃく）
のことを表す。

量　長さ　　系　尺貫法　　定義 $\dfrac{10}{33}$ m

備考　1尺 ≒ 30.303 cm

古くから使われてきた尺貫法の長さの単位
公定の尺は伊能忠敬が作った折衷尺に由来

■ 自分の「尺」を測ってみよう

　人の身体の一部を使って単位とするのは、とても便利です。「尺」もその1つです。尺は、手を広げたときの長さに由来します。尺の漢字そのものが、この様子から生まれた象形文字です。

　ただし、尺という長さは、時代や地域、用途によって、少しずつ異なります。たとえば、尺八という楽器があります。この名称は、笛の長さが1尺8寸であることに由来するのですが、使われている尺は現在の尺ではなく、唐の時代の「小尺」です。

■ 伊能忠敬が作った折衷尺

　江戸時代には、公定の尺はありませんでした。幕末になっても、長さの異なるいくつもの「尺」が使用されているありさまでした。

　1尺の長さが公式に定められたのは、1891（明治24）年のこと。「度量衡法」という法律で、1尺が$\frac{10}{33}$ m（約30.3 cm）と定められました。この長さは、江戸時代の商人・測量家、**伊能忠敬**（1745 ～ 1818年）が全国を測量するに際に、当時もっとも普及していた「享保尺」と「又四郎尺」の長さを平均して作り出した折衷尺に由来します。

　尺でもメートルでもどちらを使ってもいいよ、という時期が長く続いたのですが、1958年、ついに尺は廃止されました。現在、取引・証明上の計量に尺を使ってはならないことになっています。

　ちなみに、大相撲の土俵の直径は、4 m 55 cm。中途半端な長さに思われるかもしれませんが、これはちょうど15尺です。

yd

ヤード／yard

イングランド王、ヘンリー 1 世の身体尺という説がある。

身近にはゴルフ競技の距離で使われている。

ヤード・ポンド法を使う国や分野はごく限られている。

量	長さ	系	ヤード・ポンド法

定義 正確に 0.9144 m

備考 ヤード・ポンド法の基本単位

起源不詳な長さの単位
ヤード・ポンド法を支える屋台骨

■ ヤード・ポンド法

　たくさんある「長さの単位」の中で、私たちは基本的にメートル [m] を使っています。しかし、ゴルフをされる方なら、ヤード [yd] という単位もよく使っていることでしょう。アメリカンフットボールでもヤードが使われています。

　ヤードは、「**ヤード・ポンド法**」の長さの基本単位です。以前は、「ヤード原器」によって1ヤードの長さを定義していたのですが、1959年7月以降は、国際協定で1ヤードは厳密に0.9144mと定められています。

　実は、日本では1909年から1921年まで、ヤードを公的な文書に使ってもかまわないという時期がありました。「碼」という漢字まであります。この期間は、尺貫法、メートル法、ヤード・ポンド法という3つの系統の単位が使用を認められている状況でした。

■「ヤード」の起源

　ヤードの語源は「棒」とされています。しかし、1ヤードの長さの起源には、「キュービットの2倍」「アングロサクソン人の腰回り」「イングランド王、ヘンリー1世（1068～1135年）が腕を伸ばしたときの、鼻の先からの親指の先までの長さ」など、棒とはあまり関係のないようなさまざまな説があります。実際に、地域、時代、用途によって、さまざまな長さが存在していました。

　明確に1ヤードが決められたのは、イギリスで「**帝国標準ヤード**」が制定された1826年のことでした。現在、ヤード・ポンド法を使用している大国は、アメリカだけになっています。

M

海里／noutical mile

航海や航空の分野
で使われている。

1 海里は地球の
緯度 1 分の長さ
に相当する距離。

| 量 | 長さ | 系 | 非 SI 単位 |

定義 正確に 1852 m（国際海里）

由来 地球の緯度 1 分に相当する長さ

海面上では最強？　航海・航空距離の単位
海のマイルと陸のマイルでは距離が違う

「海里」と排他的経済水域

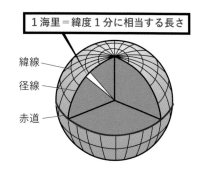

1海里＝緯度1分に相当する長さ

緯線
径線
赤道

国際単位系 SI の単位ではないけれど、通商、法律、科学分野などからの要請に対応するために、特定の状況で使用することが認められている単位がいくつかあります。「海里（ノーティカルマイル）」もその1つで、「海面または空中における長さの計量」に限定して使用されます。

1海里［M］［nm］は、正確に 1852 m と定義されています。これは、地球の緯度1分に相当する長さに由来します。船や飛行機のように長い距離を移動する場合には、とてもわかりやすい単位です。角度の1分というのは1度の60分の1なので、簡単に言えば、1海里は地球の円周の 21 600 分の1の長さです。

国の経済的な主権が及ぶ水域「**排他的経済水域**」（EEZ；Exclusive Economic Zone（英））は、自国の基線から 200 海里（約 370 km）の範囲とされています。

2つの「マイル」

一般に「マイル」といえば、それは陸上で使われるマイル［mile］です。陸上での1マイルは約 1609 m ですから、海里はそれよりも 240 m くらい長いということになります。混同しないように、陸上でのマイルを「**陸マイル**」、海里を「**海マイル**」と呼ぶことがあります。

航空会社の「マイレージサービス」では、搭乗距離に応じたポイントが加算されます。このことを俗に「マイルを貯める」と称しますが、このときの搭乗距離は、海里を使って計算されるのが普通です。

a

アール／a

農業や林業で
使われている。

1 a の面積は
正方形から定
義されている。

| 量 | 面積 | 系 | メートル法、非 SI 単位 |

定義　1 辺が 10 m の正方形の面積

備考　1 a = 100 m^2。語源は「面積」を意味するラテン語
の area

小学校でも習う重要な面積の単位
SI 単位を補う便利さが人気

1 アールはどれくらい？

　1 辺の長さが 1 m の正方形の面積が、1 平方メートル [m²] です。この大きさの正方形が 100 枚あれば、つまり 100 m² の面積が 1 アール [a] です。

　アール [a] は小学校の算数の教科書に登場するくらいの重要な単位な

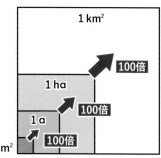

のですが、[a] と [m²] の変換に悩んでいる姿をよく見かけます。そこで、次のように考えてみてはどうでしょう。正方形の 1 辺の長さを、10 倍、10 倍と大きくしていくのです。

　　　1 辺が 1 mm の正方形の面積　・・・・　1 mm²
　　　1 辺が 1 cm の正方形の面積　・・・・・　1 cm²
　　　1 辺が 1 m の正方形の面積　・・・・・・　1 m²
　　　1 辺が 10 m の正方形の面積　・・・・　100 m² = 1 a

1 ヘクタールはどれくらい？

　このまま、「10 倍、10 倍」の作業を続けてみましょう。

　　　1 辺が 100 m の正方形の面積・・・・・・ 100 a = 1 ha
　　　1 辺が 1000 m（= 1 km）の正方形の面積 ・・・・ 100 ha = 1 km²

　このように、私たちが使うような面積の単位は、正方形の 1 辺の長さが 10 倍ごとに（面積にすると 100 倍ごとに）用意されているというわけです。とても便利ですね。ちなみに、ヘクタール [ha] に付いている「ヘクト（h）」は、100 倍を意味する接頭辞です。つまり、ヘクタールは「アールの 100 倍」という意味です。

L

リットル／ litre

筆記体 ℓ の表記を平成生まれは知らない？

1 kg の水の体積から定義されていた時期があった。

1 L の体積は立方体から定義されている。

| 量 | 体積 | 系 | SI 併用単位 |

定義 1 辺が 1 dm（= 10 cm）の立方体の体積

備考 1 リットルは 1 m^3 の $\dfrac{1}{1000}$ の体積

メートル法の体積の単位
筆記体の単位記号ℓはルール違反

■ 筆記体の ℓ は使わない！

みなさんは「1リットル」のことを、筆記体の「ℓ」を使って「1ℓ」と書いていませんか？

実は、これはアウトです。小学校のときにそう習ったとしてもダメです。あまり知られていませんが、単位記号の表記には、「斜体」でなく「立体（ローマン体）」を使うというルールがあるのです（p.48）。

しかし、「エル」の小文字「l」を使うと、数字の1に見えてしまいます。筆記体の「ℓ」を使っていたのには、そういう事情があったのです。そこで、「l エル」と「1 いち」の混同を避けるために、1979年の国際度量衡総会で、大文字の「L エル」を使うことが認められました。小学校の教科書では、2011年度から「L」を使っています。

■ 「リットル」の定義

とういうことで、ここからは「リットル」のことを［L］と書きますよ。

身近にある1Lとして思い浮かべるのは、やはり、牛乳パックでしょう。当然のことですが、このパックの容量が1Lではなく、中に入っている牛乳が1Lです。しかし、残念なことに外からは中の様子が見えません。ここは、ぜひ、しっかりと1Lの定義を知っておきましょう。

現在の1Lの定義は、「1辺が1デシメートルの立方体の体積」です。1デシメートル［dm］というのは10cmのことです。つまり、縦、横、高さがどれも10cmである立方体の体積です。ぜひ、手に持っているところを想像してみてくださいね。

升

しょう

「ます」と読んで縁起
物と関連づく。

もとは身体尺で
今の一合程度
の体積だった。

米や酒の計量によ
く使われていた。

量 体積　**系** 尺貫法　**定義** $\dfrac{2401}{1\,331\,000}$ m³

備考 1 升は日本では約 1.8039 L、中国では 1 L

古くから使われてきた尺貫法の体積単位
公定の升は豊臣秀吉が準備し江戸幕府が作った

■ 1升はどれくらい？

　1958 年に尺貫法が廃止され、長さの単位［尺］や体積の単位［升］を取引・証明上の計量で使うことができなくなりました。しかし、それまで使われてきた瓶や茶碗のサイズがガラッと変わるわけではありません。むしろ、私たちが長年愛用してきた物のサイズは、なかなか変わらないといったほうがよいでしょう。

　1升というと、米屋の一升枡や日本酒の一升瓶を思い出します。昔は米を枡で量って、升の単位で売っていました。質量ではなく、体積で売っていたのです。1升は、およそ 1.8 L（= 1800 mL）です。一升枡や一升瓶の中には、それだけの体積が入るのです。

　最近は一升瓶を見かけることが少なくなりました。その代わりに紙パック入りの日本酒が増えているようです。手に取ってみると、1800 mL と表示されています。紙パックになっても、1升の体積を引き継いでいるのですね（ただし、最近では、2000 mL の紙パックも増えてきました）。

■ 大きくなった升

　升は、もともと両手ですくったくらいの体積でした。しかし、これが時代の流れのなかで大きくなり、今の体積になったのは 1669（寛文 9）年のことです。この年、江戸幕府は豊臣秀吉が導入した「京枡」を廃止し、新たに

「**新京枡**」を導入しました。新京枡のサイズは 4 寸 9 分四方、深さ 2 寸 7 分。現在の単位で表すと、これがおよそ 1.8 L なのです。

kg

キログラム／ kilogram

以前は原器が
1 kg の基準として
用いられていた。

$h=6.62607015\times10^{-34}Js$

プランク定数
h から定義さ
れている。

量	質量	系	SI 基本単位

定義 プランク定数 h の値を正確に $6.626\ 070\ 15 \times 10^{-34}$ Js（ジュール秒）と定めることによって定まる質量

備考 以前の定義は「国際キログラム原器の質量」

130年ぶりに生まれ変わった質量の単位 定義はキログラム原器からプランク定数へ

■ 1キログラムの由来

1kgの感覚を持っていますか？ 空っぽのランドセルの質量がおよそ1kgです。でも、最近はランドセルから遠ざかっていますか？ そうなると、やはり1L入りの牛乳パックですね。あの質量がおよそ1kgです。

では、1kgはどこからやってきたのでしょう？

答えは**水**です。メートル法の制定当時、1kgは、「1気圧、0℃（後に、水が最大密度を示す温度3.98℃に変更）における水1立方デシメートルの質量」と定義されました。1立方デシメートルというのは、1辺が10cmの立方体の体積です。つまり、大胆に言ってしまえば、1kgとは1Lの水の質量なのです。[kg]の定義のためには、[m]と水が必要だったのですね。

■ 新しい「キログラム」のデビュー！

定義が決まれば、基準となる「原器」を作ることができます。1880年に作られた原器は、翌年、「**国際キログラム原器**」として国際的に承認されました。そして、この原器の質量が1kgであると定義されたのです。

それから100年以上が経過しました。この間、メートルや秒などの基本単位は、より精密な形に定義を変えているのですが、キログラムの定義だけは同じ姿のままでした。しかし、2019年5月20日の世界計量記念日、ついにキログラムが生まれ変わりました。今後は、プランク定数hという物理定数から定義されることになります。

N

ニュートン／newton

ニュートンのゆりかご（玩具）。

ニュートン目盛をもつばねばかり。

落下する林檎を見て、ニュートンは万有引力を発見した？

量 力

系 固有の名称を持つ SI 組立単位

定義 質量 1 kg の物体に 1 m/s^2 の加速度を生じさせる力の大きさ

アイザック・ニュートンの名を冠した力の単位
力の大きさは運動方程式で決まる

■ 力と質量、加速度の関係

ニュートン［N］は、力の単位です。力 F は、次の式（運動方程式）のように、物体の質量 m と加速度 a の積で定義されます。

$$F = ma$$

単純に考えて、重い物体を動かすためには、大きな力が必要ですよね。上の式は、力 F が質量 m に比例していることを示しています。一方、加速度 a は「速度の変化率」を表しています。ざっくりと理解するために簡単に言えば、止まっている物体をそっと動かすよりも、ぐっと動かすほうが大きな力が必要だということです。

■ 1ニュートンの定義とは？

では、力の単位を組み立ててみましょう。

質量の単位は［kg］、加速度の単位は $[m/s^2]$ です。したがって、これをかけ算すると、力の単位は $[kg \cdot m/s^2]$ となります。かなり長い単位なので、「ニュートン」という特別の名称と、たった1文字の単位記号［N］が与えられているのです。つまり、「質量1kgの物体に $1\,m/s^2$ の加速度を生じさせる力の大きさ」が1Nです。もちろん、この単位名はイギリスの科学者**アイザック・ニュートン**（1642 ～ 1727年）に由来します。

日本では1999年に新しい計量法が施行され、力の単位にニュートンを使うようになりました。それまでは、［kg重］やダイン［dyn］という単位が使われていました。

Pa

パスカル／pascal

圧力は面を垂直
に押す力のこと。

風船が丸く膨ら
む様子からパス
カルの原理がわ
かる。

身近には天気予報で
よく使われている。

量 圧力　**系** 固有の名称を持つ SI 組立単位

定義 １平方メートルにつき１ニュートンの圧力

気象情報でおなじみの圧力の単位
単位名の由来は大気圧の存在を実証したブレーズ・パスカル

同じ力でも感じ方は違う？

「圧力」とは、「単位面積にはたらく力の大きさ」のことです。単なる力ではなく、「単位面積にはたらく力」というのがポイントです。

痛いのはどっち

　たとえば、自分の頬（ほお）を、手のひら、指の先、鉛筆の先で押すことを想像してみてください。同じ力で押したとしても、感じ方が違うのはイメージできますよね。それは、力がはたらく面積が異なるからです。

　この感じ方の違いを数値で表したいのです。そのためには、次のような計算を行う必要があります。

$$圧力［Pa］= \frac{力の大きさ［N］}{力がはたらく面積［m^2］}$$

圧力の単位「パスカル」

　では、圧力の単位を組み立てましょう。

　国際単位系 SI の力の単位はニュートン［N］、面積の単位は平方メートル［m²］です。したがって、圧力の単位は［N/m²］となります。

　このまま［N/m²］を使ってもよいのですが、この単位にはパスカル［Pa］という特別の名称と単位記号が授けられています。

$$1\,Pa = 1\,N/m^2$$

「パスカル」という単位名は、大気圧の存在を実証したフランスの科学者**ブレーズ・パスカル**（1623 ～ 1662 年）に由来します。「人間は考える葦（あし）である」の言葉を残した人としても有名ですね。

S

秒／second

時計ウサギのイメージ。

原子の放射周期
の継続時間から
定義されている。

原子のエネルギー準位の変
化が定義に関係している。

量 時間　**系** SI 基本単位

定義 セシウム 133 原子の基底状態の 2 つの超微細準位の
間の遷移に対する放射の周期の 91 億 9263 万 1770
倍の継続時間

備考 「秒」という漢字には「稲の穂先の毛」、転じて「と
ても小さい」という意味がある。

地球の運動に由来する時間の単位 紆余曲折を経て今では原子の運動で定義

■「秒」の定義

みなさんは、「1秒」という時間の長さをどのように伝えますか？「イ〜チ、これくらいの時間だよ」と実際にやってみせますか？　それとも、「1日の長さを24等分したのが1時間、1時間を60等分して1分、さらに60等分したのが1秒さ」と、他の時間との関係から説明しますか？

実際に、1956年までの1秒の定義は後者でした。1秒は、1日（正確には平均太陽日）の86 400分の1と定義されていました。

現在の「秒」の定義は、前者に近い形になっています。そこには、「1日」も「1時間」も「1分」も出てきません。「1秒」は、**セシウム133**という原子が持っている固有の周期を使って、きわめて正確に定義されています。

ただし、これは、秒と他の時間の単位（日、時間、分）の関係がなくなったわけではありません。1秒の長さが、より正確に定義されたということです。

■「秒」が定まらないと……

秒［s］は国際単位系SIの基本単位ですから、とても重要な単位です。しかし、別の意味でも重要です。秒は、他の基本単位、たとえばメートルの定義の中にも登場しているのです（p.18）。つまり、秒が決まらないと、メートルも決まらないということです。

一方、秒自身は他の量に依存(いぞん)せず、完全に独立して定義されています。

ひとりでも平気ですし

133
Cs

m/s

メートル毎秒
／ metre per second

速さを表している。

身近には風速を表す
ために使われている。

風速は吹流しで目視
することができる。

量	速さ	系	SI 組立単位

定義 1 秒間に 1 メートルの速さ

備考 「秒速 〇 m」と表現することがある。

秒速の意味を示す速さの単位
速さは単位時間当たりの移動距離で表す

■ 「速さ」を比べる2つの方法

「速さ」を比べることを考えたいと思います。

たとえば、「Aさんは42.195 kmを4時間で、Bさんは42.195 kmを5時間で走る」という場合、2人の移動距離が同じです。すると、移動時間が短いAさんのほうが速いとわかります。

また、「Aさんは5 kmを1時間で、Bさんは6 kmを1時間で走る」という場合、2人の移動時間が同じです。これなら、移動距離が長いBさんのほうが速いとわかります。

つまり、「速さ」を表すのには、次の2つの方法があるわけです。

① 一定の距離を移動する時間で表す。

② 一定の時間に移動する距離で表す。

■ だから「距離÷時間」なのか！

マラソンが趣味の方は、①の方法で、自分が走るペースを「キロ○分」と表現することがよくあります。「キロ5分」とは、1 kmを5分のペースで走るという意味です。この表現を使うためには、時間を距離で割る必要があります。ただし、この場合、速ければ速いほど数値が小さくなって、一般的な速さの表現としては実感の伴いにくいものになります。

そこで、速さを表す際には、②の方式が用いられます。これが、「距離÷時間」というおなじみの計算方法です。これだと、うまい具合に、速ければ速いほど数値は大きくなります。

「距離÷時間」ですから、国際単位系SIの速さの単位は、[m]と[s]から組み立てられた[m/s]です。「**メートル毎秒**」や「**メートル パーセカンド**」と読んだり、「秒速○○ m」と表現することもあります。

No.
13

°

度／degree

角度を測る分度器。

円周から定義
されている。

角度はコンパスで
書けるものがある。

量　平面角　　系　SI 併用単位

定義　円周を 360 等分した弧の中心に対する角度

角の大きさを度数法で表す単位
SI 単位よりもよく使われる SI 併用単位

■ 1°の定義とは？

　30°、90°、180°のように、私たちは普通、角の大き
さ（角度）を度［°］を使って表します。この方法は、
「度数法」 と呼ばれます。度数法は、1°に当たる角の大
きさを定義して、そのいくつ分あるかで角の大きさを表
します。「角の大きさは、角の大きさで測る」わけです。

　では、1°の定義とは？

　小学校の算数では、「直角」を 2 年生で学びます。
右図のように、紙を 4 つに折ってできる角が直角です。

　角度の単位である度［°］が登場するのは 4 年生です。
直角を 90 等分した 1 つ分の角の大きさが 1°です。

直角

　簡単に言えば、1°は「円周を 360 等分した弧の中心に対する角度」
（計量法）ということです。

■ 定義の理由は？

　では、なぜ、360 等分なのでしょうか？

　理由の 1 つは、天体の動きです。地球は、太陽の周りを約 365 日か
けて 1 周します。天体観測を行ううえで、円周を 360 等分するのは便
利な考え方でした。また、360 という数は多くの約数を持っているので、
等分割する際に大変ありがたいのです。

　1°よりも小さな角を表すときには、分［′］や秒［″］を使うことが
あります。ただし、1 度が 60 分で、1 分が 60 秒です。ご注意を！

　私たちに大変なじみのある度［°］ですが、実は SI 単位ではありませ
ん。**SI 併用単位**（SI 単位と併用することが認められている単位）とい
う扱いです。

No.
14

A

アンペア／ ampere

物理学者アンペールは右ねじの法則を発見した。

電流を測定する電流計。

50mA

A

500mA

5

（量）電流　（系）SI 基本単位

（定義）電気素量 e の数値を 1.602 176 634 × 10^{-19} A·s と定めることによって定まる電流

目に見えない電気の流れを示す単位
複雑な定義は科学の進歩によって原点に回帰

■ 電流とは？

　単位の話をしているときに「電流」といえば、それは「ある面を単位時間に通過する電気量（電荷）」のことを指しています。

　国際単位系 SI の電流の単位は、アンペア［A］です。アンペアは 7 つある SI 基本単位の 1 つで、フランスの物理学者**マリ・アンペール**（1775〜 1836 年）にちなんで名付けられたものです。

　アンペアという単位は、中学校の理科で学習します。一定の時間にたくさんの電気量が流れれば「電流が大きい」、少しだけなら「電流が小さい」というイメージです。ですから、一定時間に流れる電気量（クーロン［C］という単位で表します）を求めて、かかった時間（秒）で割れば、それが「電流」ということになります。

■ 新しい「アンペア」の定義

　しかし、電気量を求めるのが、なかなかやっかいなのです。そもそも、電気を電気のままで貯めておくことが難しい。摩擦で起こした静電気は、すぐに消えてしまいます。発電所では、基本的に、電気の需要の変化に対応して電気を発電しているのです。

　では、どうするか？　いや、どうしていたのか？

　導線に電流を流すと、磁界が生まれます（右ねじの法則）。また、2本の導線に電流を流すと、導線間に引力や反発力が生まれます（**電流間の相互作用**）。2019 年 5 月までは、この現象を利用してアンペア［A］を定義していました。この「電流間の相互作用」を発見したのがアンペールです。

　ところが、現在のアンペアの定義は、いわば「原点」に戻りました。電気量の数値をしっかりと定め、そこから定義されています。

Ω

オーム／ohm

カラーコードは抵
抗器の抵抗値と誤
差を表している。

ゴムなどの絶縁体は
電気抵抗が大きい。

電気抵抗を
表す記号。

量 電気抵抗 　**系** 固有の名称を持つ SI 組立単位

定義 1 A の直流の電流が流れる導体の 2 点間の電圧が 1 V
であるときのその 2 点間の電気抵抗

オームの法則で有名な抵抗の単位
人名由来が多い電気の単位名の代表格

■ 電気抵抗とは？

「電気抵抗」とは、簡単に言えば「**電流の流れにくさ**」のことです。この数値が大きいほど、電流が流れにくくなります。その単位に使われているのが、オーム［Ω］です。

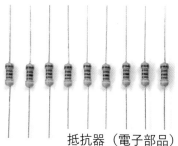

抵抗器（電子部品）

　導体（電気伝導体）の両端に電圧をかけて電流を流すと、電圧と電流は比例関係にあることが知られています。このときの比例定数が、「電気抵抗」です。

　この関係を、文字を使って式に表してみましょう。電圧を E、電流を I、電気抵抗を R とすると、$E = R \times I$ と表されます。これが、中学理科で学習するおなじみの「**オームの法則**」です。

■ 人名に由来する単位だけれど……

「オーム」という名称は、オームの法則を公表したドイツの物理学者**ゲオルク・オーム**（1789 〜 1854 年）に由来します。オームの綴りはOhm ですから、本来なら単位記号は［O］とすべきところです。しかし、これだと数字の 0（ゼロ）と間違いやすいので、これまでの習慣からギリシャ文字のオメガ（Ω）を使用しています。

　初期の頃の抵抗の定義は「断面積 1 mm^2、長さ 100 cm、温度 0 ℃の純粋な水銀の柱の電気抵抗を 1 とする」というもので、現在の 1 Ωの大きさもこれに由来しています。現在では、オームの法則を用いて電圧［V］と電流［A］から定義されています。

　ちなみに、この本は、電気抵抗が社名の由来となっているオーム社から出版されています。

単位を書くときに注意すること（その1）

　日頃、当たり前のように使っている単位ですが、単位を「書く」ときには注意してほしいことがあります。

単位記号は、斜体ではなく、立体（ローマン体）で書く！

　アルファベットを少しだけ斜めに倒して書くと（斜体）なんだかかっこよく思えますが、それを単位に使うのは NG です。たとえば、斜体の *m* は「メートル」ではなく、「質量」などを表す記号です。

　　（例）「50 センチメートル」と表したいときは……
　　　　　× 50 *cm*　　　○ 50 cm

数値と単位記号の間は、間隔を空ける！

　数値と単位記号は、くっつけて書いてはいけません。

　このルールは、私たちには不思議に思えますが、This is a pen を Thisisapen とは書きませんよね。あれと似た感覚です。

　　（例）「50 キログラム」と表したいときは……
　　　　　× 50kg　　　○ 50 kg

　ただし、例外もあります。たとえば、平面角の度、分、秒（°, ′, ″）については、数値と単位記号の間隔を空けないことになっています。

単位記号の前にスペースがいるのよ

まぁ私はいらないんだけどさ.

50 kg　50°

長さ、面積、体積の 単位たち

長さの単位はメートルだけ
SI 接頭辞を付けて調節しよう！

長さの単位はたくさんある？

　国際単位系 SI の長さの基本単位は、メートル［m］です。また、若干の例外はありますが、長さの単位として使えるのはメートルしかありません。

　「若干の例外」は、天文単位［au］（SI 併用単位）、海里［M］、オングストローム［Å］（ともに計量法）の 3 つの非 SI 単位です。これらは限定された分野で使われることが多いので、私たちが日常生活で使用する長さの単位は、メートルだけだと言い切ってもよいでしょう。

　「いや、そんなことはないぞ！　メートルだけでなく、センチメートルやキロメートルもあるぞ！」

　そう思った方がいるかもしれません。それでも、長さの単位はメートルだけなのです。［cm］や［km］は、［m］の仲間なのです。

　［m］を使って表すと、桁数が多くなって扱いづらい場合があります。そんなときに、［m］の前に「接頭辞（接頭語）」と呼ばれるものを付けて、桁数が少なくて済むように調節するのです。たとえば、1000 m のことを 1 km（キロメートル）、0.000 001 m のことを 1 μm（マイクロメートル）と表すわけです。

たくさんの接頭辞をどうぞ！

　小学校の算数に限定すると、次のような接頭辞を学習しています。

名称	記号	大きさ
キロ（kilo）	k	1000 倍
ヘクト（hecto）	h	100 倍

名称	記号	大きさ
デシ（deci）	d	10 分の 1
センチ（centi）	c	100 分の 1
ミリ（milli）	m	1000 分の 1

100分の1を表す接頭辞「センチ c」は、センチメートル［cm］での使用がよく知られています。しかし、必ずメートル［m］とペアで使わなければならないというわけではありません。他の単位に付けて使ってもよいのです。センチグラム［cg］やセンチリットル［cL］だってあります。ただ、私たちが目にする場面で、そのような使用例が少ないというだけなのです。

　他にも、100倍を表す「ヘクト h」、10分の1を表す「デシ d」など、たくさんの接頭辞が用意されています。最近では、「メガ M」「ギガ G」「テラ T」や「ナノ n」「ピコ p」などもよく聞くようになりました。千兆倍を表す「ペタ P」を日常的に使うようになる日も近いかもしれませんね。

【SI 接頭辞】

1 000 000 000 000 000 000 000 000	10^{24}〔ヨタ〕（Y）
1 000 000 000 000 000 000 000	10^{21}〔ゼタ〕（Z）
1 000 000 000 000 000 000	10^{18}〔エクサ〕（E）
1 000 000 000 000 000	10^{15}〔ペタ〕（P）
1 000 000 000 000	10^{12}〔テラ〕（T）
1 000 000 000	10^{9}〔ギガ〕（G）
1 000 000	10^{6}〔メガ〕（M）
1 000	10^{3}〔キロ〕（k）
100	10^{2}〔ヘクト〕（h）
10	10〔デカ〕（da）
1	
10^{-1}〔デシ〕（d）	0.1
10^{-2}〔センチ〕（c）	0.01
10^{-3}〔ミリ〕（m）	0.001
10^{-6}〔マイクロ〕（μ）	0.000 001
10^{-9}〔ナノ〕（n）	0.000 000 001
10^{-12}〔ピコ〕（p）	0.000 000 000 001
10^{-15}〔フェムト〕（f）	0.000 000 000 000 001
10^{-18}〔アト〕（a）	0.000 000 000 000 000 001
10^{-21}〔ゼプト〕（z）	0.000 000 000 000 000 000 001
10^{-24}〔ヨクト〕（y）	0.000 000 000 000 000 000 000 001

尺の仲間たち
寸、間、町、里、尋、文

親指の幅の「寸」

　長さの単位に尺、質量の単位に貫を基本とする単位系は、「尺貫法」と呼ばれます。尺についてはp.21で話しましたから、ここでは寸、間、町、里などの尺貫法の長さの単位をたくさん紹介します。

　まずは、小さいほうから。

　尺の10分の1の長さ（約3.03 cm）が「寸」です。寸の長さは、親指の幅の長さに由来するといわれています。一寸法師の身長は、1寸くらいという設定です。

寸
すん
量：長さ
系：尺貫法
定義：(1/10) 尺
備考：1寸≒ 3.030 cm

　さらに、1寸の10分の1の長さ（約3.03 mm）が「分」で、以下10分の1ごとに「厘」「毛」「糸」と続きます。

たくさん使われている「間」

　次は、大きいほうです。

　1間は1尺（約30.3 cm）の6倍の長さで、およそ1.8 mです。「間」とは、柱と柱の間隔のことを指していま

間
けん
量：長さ
系：尺貫法
定義：6尺
備考：1間 = 1.8182 m

す。建築の際には、間がその家の基準寸法となります。

　「間」なんて単位は使ったことがないと思われるかもしれませんが、みなさんの家のドアや障子の縦の長さが1間かもしれません。「3 × 6」と通称されている一般的なサイズのベニヤ板は、短辺が3尺（半間）、長辺が6尺（1間）です。よくよく見回してみてください。近代的な建物の中にも、たくさんの「間」が使われていることがわかります。

　1間の60倍が1町、1町の36倍の長さが1里です。これらは、主に

土地や距離の計測で使われる単位です。

　　　　　1町 = 60間 ≒ 109.1 m　　　　1里 = 36町 ≒ 3.927 km

「里」は古代中国の周の時代からある
単位です。このような長い距離を計測
するのは大変むずかしいので、歩行に
かかった時間を用いて距離を求めてい

里
り
量：長さ
系：尺貫法
定義：1里 = 36町
備考：1里 = 3.9273 km

ました。したがって、同じ1里でも、山道と平地とでは距離が違うこ
とも珍しくありません。「1里 = 36町」の関係に統一されたのは、
1891年、明治に入ってからのことです。ちなみに、1里（約4km）は、
人が1時間で歩く距離の目安になります。

▊ 手を広げたら？　足の長さは？

「尋」という単位は、大人が両手を広
げたときの長さに由来します。1872
年の太政官布告において、1尋は6尺
（約1.8m）とされています。

尋
ひろ
量：長さ
系：尺貫法
定義：6尺
備考：1尋 ≒ 1.818 m

「尋」は、主に縄や網、水深を測るときに使います。釣り糸を両手に
持って大きく広げたときの長さがおよそ1尋、2つ分なら2尋です。
この釣り糸を海底まで垂らせば、水深を知ることができます。

　ちなみに、アニメ映画『千と千尋の神隠し』の「千尋」は、1000尋と
いうことで、非常に長いこと、非常に深いことを表しています。

　最後に、「文」を紹介します。日本で
は、足袋や靴の寸法を表すときに「文」
を使っていました。1文は2.4cm、こ
れは一文銭の直径に由来します。

文
もん
量：長さ
系：尺貫法
定義：0.024m
由来：一文銭の直径

　若い方は知らないかもしれませんが、往年のプロレスラー、ジャイア
ント馬場の得意技が「十六文キック」でした。16文とは靴のサイズを
表しています。

ヤードの仲間たち
フィート、インチ、マイル

■ 大きめの足の「フィート」

長さの基本単位をヤード［yd］、質量の基本単位をポンド［lb］、時間の基本単位を秒［s］とする単位系が、「ヤード・ポンド法」です。イギリスで古くに発生し、メートル法が国際的

ft	フート、フィート／foot, feet 量：長さ 系：ヤード・ポンド法
定義：(1/3) yd	
備考：1 ft = 0.3048 m	

に採用される以前に使用されていた計量単位系です。ここでは、フィート、インチ、マイルなど、ヤード・ポンド法の長さの単位をいくつか紹介します。

1フィート［ft］は、1ヤードの3分の1と定義されています。正確に30.48 cm です。「フィート」ですから、足の長さに由来するのですが、とても「大きな足」ですよね。

サッカーゴールの内側の寸法は、2.44 m × 7.32 m。なんだか半端な数値ですが、これをフィートで表すと、ピタッと 8 ft × 24 ft です。また、ニューヨークのワールドトレードセンター跡地に建設された超高層ビル「1ワールドトレードセンター（1WTC）」は、高さ 1776 ft（約541 m）。これは、アメリカ独立の 1776 年を表しています。

■ 親指の幅の「インチ」

in	インチ／inch 量：長さ 系：ヤード・ポンド法
	定義：(1/12) ft
備考：1 in = 2.54 cm	

インチ［in］は寸と同じで、親指の幅に由来します。1インチは1フィートの12分の1、正確に 2.54 cm です。

私たちは知らないうちにインチのお世話になっています。テレビやスマホ、タブレットの画面のサイズは、その対角線の長さをインチを使って表します。「32型」の液晶テレビとは、画面の対角線の長さが 32 イ

インチ（約81 cm）のテレビのことです。また、自転車の車輪の外径や
ジーンズのウェストもインチ表示です。あまり知られていませんが、セ
ロハンテープの巻芯径には、3インチ（76 mm）のものと1インチ
（25 mm）のものがあります。そのほか、サッカーや野球などのスポー
ツの世界では、インチが使われている場面が山ほどあります。

「マイル」の由来

　アメリカに行くと、多くの道路標識
がマイル［mile］を使って表示されて
います。［km］だと思っていると、事
故につながるので注意が必要です。

mile
マイル／ mile［mi］［ml］
量：長さ
系：ヤード・ポンド法
定義：1760 yd
備考：1609.344 m（正確に）

　マイルの起源を語ると、少々長くなります。

　みなさんは、自分の歩幅を知っていますか？　長い距離を測るときに
は、その距離を歩いて、そのときの歩数で表すと大変便利です。歩幅が
わかっていれば、「歩幅×歩数」でおよその距離を求めることができます。

　古代ローマには、**パッスス**（passus）という単位がありました。2歩
分の歩幅が1パッススです。切りのよい1000パッススは**ミレ・パッス
ス**（millepassus）と呼ばれ、これがマイル（mile）の由来とされてい
ます。1マイルはおよそ1600 mですから、逆算すると1歩の歩幅は
80 cmくらいになります。かなりの大股ですね。

　ちなみに、陸上競技のトラック種目である1500 m競争は、それまで
の「1マイル競争」に代わり始められたのだそうです。また、
4×400 mリレーは1600 mを走ることになるので、「1マイルリレー」
と呼ばれることがあります。

　最後にもう1つ、**ハロン**［fur］を紹介します。1ハロンは220ヤー
ド（201.168 m）です。つまり、「1マイル＝8ハロン＝1760ヤード」
という関係があります。競馬好きの方ならハロンを知っていると思いま
すが、日本の競馬では、便宜上1ハロンを200 mとしています。

面積の測り方
平方メートル [m²] は組立単位だ！

間を埋めている「アール」と「ヘクタール」

キャラクター図鑑（p.27）で紹介したアール [a] とヘクタール [ha] は、実は、ともに国際単位系 SI の単位ではありません。ヘクタールは SI 単位との併用が認められていますが、アールについては、使用すら認められていない状況です。ただし、日本の計量法においては、土地の面積の計量の場面に限定し、アールの使用を特別に認めています。

SI の面積の単位は、平方メートル [m²] です。その 100 倍の面積がアール [a]、さらにその 100 倍がヘクタール [ha]、そのまた 100 倍が平方キロメートル [km²] という関係になっています。[m²] と [km²] は 100 万倍もの開きがあり、[a] と [ha] がその間をうまく埋める役割を果たしています。

単位を組み立てる

繰り返しますが、SI の面積の単位は、平方メートル [m²] です。1 辺の長さが 1 m である正方形の面積が 1 m² です。

みなさんは、面積の単位は平方メートル [m²] であると覚えているのでは

m²	平方メートル／square metre 量：面積 系：SI 組立単位

定義：辺の長さが 1 メートルの正方形の面積

ありませんか？　覚えるのではありません。面積の単位は、長さの単位から組み立てるのです。

たとえば、縦 3 m、横 4 m の長方形の面積を求めてみましょう。長方形の面積は、（縦の長さ）×（横の長さ）で求められます。

$$3\,m \times 4\,m = 12\,m^2$$

簡単な計算ですね。この式から、単位だけを抜き出してみましょう。長さの単位から面積の単位が組み立てられていく様子がよくわかります。

$$[m] \times [m] = [m^2]$$

「なるほど！ [m] を 2 回かけているから、2 乗を示す小さな 2 が付いているのか！」──そのとおりです。同様に、[cm] × [cm] だから [cm²] で、[km] × [km] だから [km²] なのです。

　この話をすると、「そういうことだったのか。初めてわかった！」と感動する人が大勢います。[m²] は突然あらわれたのではなく、[m] と [m] の積として組み立てられて登場したのです。このような単位は、「組立単位」と呼ばれます。

■ 長方形の面積は、なぜ、（縦）×（横）なのか？

　そもそも、なぜ長方形の面積を（縦）×（横）で求めるのでしょう？ それが面積の定義だから？　いえいえ、そうではありません。ちゃんと理由があるのです。

　面積は、面積で測ります。長方形の中に単位となる正方形がいくつあるか、それを数えればよいのです。

　たとえば、縦 3 m、横 4 m の長方形の中には、1 m² の正方形がいくつありますか？　正方形の個数を数えればわかりますよね。12 個です。だから、この面積を 12 m² と表すわけです。

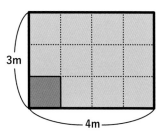

　わざわざ数えなくてもわかるって？
そのとおりです。正方形は、縦に 3 つ、横に 4 つ並んでいます。したがって、3 × 4 = 12（個）。このようにすれば、正方形の個数をすべて数えることから解放されます。長方形の面積を（縦）×（横）で計算するのは、単位面積の個数を効率的な方法で求めているにすぎないのですね。

メートル法の体積の単位たち
立方メートル、シーシー

■ 1 リットルの立方体を……

1 L とは、1 辺が 10 cm の立方体の体積のことです。

$$10\,\text{cm} \times 10\,\text{cm} \times 10\,\text{cm} = 1000\,\text{cm}^3$$

つまり、1 L は 1000 cm³（立方センチメートル）と全く同じです。

では、1 辺の長さを 10 分の 1 の 1 cm にしてみましょう。

$$1\,\text{cm} \times 1\,\text{cm} \times 1\,\text{cm} = 1\,\text{cm}^3$$

1 L の立方体の体積の 1000 分の 1 になりましたね。そこで、この体積を 1000 分の 1 を表す接頭辞「ミリ m」を使って、1 mL（ミリリットル）と表すわけです。[mL] は日常生活でよく見かけますね。

今度は、1 L の立方体の 1 辺の長さを 10 倍にして 100 cm、つまり 1 m にして計算してみましょう。

$$100\,\text{cm} \times 100\,\text{cm} \times 100\,\text{cm} = 1000\,000\,\text{cm}^3$$

体積が 1000 倍になっているので、1000 L です。この体積は、1000 倍を表す接頭辞「キロ k」を用いて、1 kL（キロリットル）と表すことができます。これが、すなわち 1 m³（立方メートル）です。

■ 国際単位系の体積の単位は？

これだけ長々とリットルの話をしてきましたが、リットルは国際単位系 SI の単位（SI 単位）ではありません。リットルは「SI 単位と併用される非 SI 単位」（**SI 併用単位**）という扱いです。

SI の体積の単位は、立方メートル [m³] です。1 辺の長さが 1 m の立方体の体積です。

しかし、このサイズの立方体を想像してみてください。一般的な家庭サイ

m³	立法メートル／ cubic metre 量：体積 系：SI 組立単位

定義：辺の長さが 1 メートルの立方体の体積

ズのお風呂の湯量がおよそ $180 \sim 200\,\mathrm{L}$ ですから、$1\,\mathrm{m}^3$（ $= 1000\,\mathrm{L}$ ）はかなり大きな体積だとわかります。そこで、使いやすい［L］や［mL］が重宝されているわけです。

　なお、小学校ではデシリットル［dL］を学習しています。これは、$1\,\mathrm{L}$ の 10 分の 1 の体積です。「デシ d」は 10 分の 1 を表す接頭辞です。また、海外ではセンチリットル［cL］もよく使われています。これは、$1\,\mathrm{L}$ の 100 分の 1 の体積です。

■「シーシー」とは

　体積の単位では、シーシー［cc］もよく知られています。これは、cubic centimetre（立方センチメートル）の頭文字を並べたものです。意味としては、［cm³］と全く同じです。

CC	シーシー／ cubic centimetre 量：体積 系：非SI単位

定義：辺の長さが $1\,\mathrm{cm}$ の立方体の体積
備考：［cm³］を使うのが望ましい

　　$1\,\mathrm{cc} = 1\,\mathrm{cm}^3 = 1\,\mathrm{mL}$

　もちろん、［cc］は SI 単位ではありません。日本の計量法でも、［cm³］を使うのが望ましいとされています。

尺貫法の面積、体積の単位たち
坪、反、升、合、勺、斗、石

■ 面積のイメージはやっぱり「坪」？

尺貫法がほとんど使われなくなったといっても、面積の単位である「坪」くらいは聞いたことがあると思います。

1坪の面積は、$\dfrac{400}{121}$ m^2 と定義され

坪	つぼ、歩（ぶ） 量：面積 系：尺貫法 定義：（400/121）m^2

備考：1辺が6尺の正方形の面積。
約 3.305 7851 m^2

ています。これは、1辺が6尺（＝1間、約1.8 m）の正方形に相当します。したがって、1坪はおよそ3.3 m^2、畳2枚分くらいの面積です。

実は、まったく同じ面積を表す「歩」という単位があります。一般に、「坪」は家庭や敷地の面積に、「歩」は田畑や林野などの面積にと使い分けがされています。

また、坪には、下の表のような倍量単位があります。畝、反（段）、町は、それぞれ1 a、10 a、1 ha にとても近い面積だったことが幸いし、尺貫法からメートル法への移行は比較的スムーズに行われました。

反	たん、段 量：面積 系：尺貫法 定義：300歩

備考：約 991.74 m^2、約 10 a（アール）

ちなみに、日本の田んぼの大きさは、1反が基本サイズになっています。1反の面積を持つ正方形の1辺は、およそ31.5 mです。

坪（歩）の倍量単位

1坪（歩）	－	約 3.3 m^2	－
1畝	30坪（歩）	約 99.174 m^2	約 1 a
1反（段）	10畝	約 991.74 m^2	約 10 a
1町	10段	約 9917.4 m^2	約 1 ha

■「升」の分量単位

　続いて、尺貫法の体積の単位です。

「升」についてはキャラクター図鑑（p.30）で紹介しました。1升は、およそ 1.8 L です。

　さて、一般的な電気炊飯器の釜には、米の量の目安になる目盛りが書かれています。ところが、お気づきですか？　あの目盛りには、単位がありません。ただ、1、2、3、4、5、……と書いてあるだけです。

　あの目盛りの単位が、「合」です。1合は1升の10分の1、およそ 180 mL です。米を量るときに使うカップ1杯分が1合です。間違えて、普通の計量カップで量らないように注意しましょう。

合
ごう
量：体積
系：尺貫法
定義：(1/10) 升
備考：1 合 ≒ 180.39 mL

　さらに、1合の10分の1の体積が1勺です。

　　　　1合 = 10 勺 = 180.39 mL

　　　　1 勺 = 18.039 mL

■「升」の倍量単位

　最後に、升の倍量単位です。

　冬になると、灯油が 18 L（10升）で売られているのをよく見かけます。この体積が、1斗（約 18 L）です。一斗樽、一斗缶と呼ばれる容器が知られていますよね。一斗樽の場合、直径、高さともに 40 cm くらいになります。

　さらに、その10倍の10斗（約 180 L）が、1石です。江戸時代、各藩の所領の規模は、面積ではなく玄米の体積（石高）で表されていました。「金沢百万石」

石
こく
量：体積
系：尺貫法
定義：10 斗
備考：1 石 ≒ 180.39 L

などと言いますが、あの「石」は体積の単位だったのですね。当時は、大人1人が1年間に消費する米の量が、ほぼ1石だと考えられていました。

ヤード・ポンド法の面積、体積の単位たち
エーカー、ガロン、バレル

牛の能力から生まれた単位

ヤード・ポンド法には、エーカー［ac］という面積の単位があります。現在の定義は、右にあるとおりです。

ac	エーカー／ acre 量：面積 系：ヤード・ポンド法 定義：4 ロッド × 40 ロッドの土地の面積 備考：約 4046.86 m² （国際フィートの場合）

定義の中の「ロッド」とは長さの単位で、1 ロッドは 16.5 フィート、約 5 m です。したがって、1 エーカーは、約 20 m ×約 200 m の土地の面積です。ずいぶん細長い土地ですね。これは、作物を育てる畝の基本の長さが、40 ロッドだったためです。

2 頭の雄牛を頸木でつないで犂を引かせ、1 日で耕すことのできる面積──これが、エーカーの由来です。とてもユニークですね。

しかし、こんな定義では、土地の状態（形状、硬さ、傾斜など）によって 1 日で耕せる面積が違ってしまいます。ところが、これはこれで利点があるのです。同じ 1 エーカーなら、土地の面積が違っていても、牛 2 頭を使って 1 日で耕せるのです。

つまり、エーカーは、土地の面積よりも「耕す」という行為に注目していると考えられます。

1 ガロンはどれくらい？

続いては、ヤード・ポンド法の体積の単位です。

gal	米ガロン／ gallon （US） 量：体積 系：ヤード・ポンド法 定義：3.785 412 L 備考：日本の計量法で用いるガロンは、米ガロン

アメリカでは、水やガソリンがガロン［gal］の単位で売られています。実は、ガロンは国や時期、用途によって各種の定義があるので、ここでは代表的な 2 つのガロンを紹介します。

　主にアメリカで使われている**米ガロン**［gal（US）］は約 3.785 L、イギリスやカナダで使われている**英ガロン**［gal（UK）］は約 4.546 L です。ガロン［gal］は、ラテン語で「水入れ、バケツ」などの意味を持つ galleta が語源です。

　ガロンは、日本ではほとんどなじみのない単位ですが、ワイン好きの方なら知らないうちに使っていますよ。外国産のワインの一般的なボトルの容量は 750 mL。これは、だいたい米ガロンの 5 分の 1、英ガロンの 6 分の 1 に相当します。

　1 ガロンの 4 分の 1（約 946 mL）が**1 クォート**（quart）、8 分の 1（約 473 mL）が**1 パイント**（pint）です。米軍の統治下にあった沖縄県では、現在でも牛乳、ジュースなどが、クォート、パイントの単位で売られています。

1 バレルはどれくらい？

　原油や石油製品の取引では、バレル［bbl］がよく使われます。

　バレルは、「樽」を意味する言葉に由来しています。バレルの場合も、地域や内容物によって 1 バレルの体積が異

bbl	米バレル／ barrel（US） 量：体積 系：ヤード・ポンド法 定義：42 gal（US）≒ 　　　158.987 L
	備考：この定義は、石油用のバレル

なります。現在、国際的に使われているのは、石油に使われるバレルだけです。昔は酒樽を利用して石油を運んでいたので、今でもこの単位が使用されています。

　1 バレルは 42 ガロン、およそ 159 L です。一般家庭の風呂の湯量が 180 L くらいですから、それよりちょっと少ないですね。

メートル ［m］ の定義の移り変わり

18 世紀末　地球の子午線の北極−赤道間の長さの 1000 万分の 1

　メートルの長さの由来は地球。北極から赤道までの長さの 1000 万分の 1 を 1 m とする——p.19 でそのように述べました。言うのは簡単ですが、実際に、北極−赤道間を測量するのは困難を極めます。

　そこで、実際には、フランス北岸の港町ダンケルクからスペインのバルセロナ（北極−赤道間の 10 分の 1）までの測量が行われました。

　当時は、フランス革命後の政情不安定な時期でした。逮捕されたり、命を落とす者もいました。ここまで苦労して生まれた「メートル」ですが、なかなか普及しませんでした。

1889 年　国際メートル原器の長さ

　30 本作られたメートル原器うち、No.6 が「国際メートル原器」として採用されました。これは、パリの郊外のセーブルにある国際度量衡局で厳重に保管されています。日本には、No.22 の原器があります。それは、No.6 よりもほんの少しだけ（0.78 μm）だけ短いそうです。

　メートル原器は細心の注意を払って作られ、管理されていましたが、しょせんは「物」です。膨張したり、収縮したり、また、破損や盗難の危険性だってあります。そこで、人工物に頼らず、自然現象を使ってメートルが定義されることになります。

1960 年　クリプトン原子の光の波長から 1 m を定義

1983 年　光の速さから 1 m を定義

　現在の定義は、次のとおりです。

光が 1 秒の $\dfrac{1}{299\ 792\ 458}$ の時間に真空中を進む距離

質量と圧力の
単位たち

メートル法の質量の単位たち
キログラム、グラム、トン

■ 国際キログラム原器

国際キログラム原器は、現役を退きました。しかし、長年 1 kg の定義として活躍してきたのですから、国際キログラム原器について紹介したいと思います。

国際キログラム原器は、直径、高さがともにほぼ約 39 mm の円柱形の分銅です。白金 90 %、イリジウム 10 % の合金で作られています。

この原器が世界の 1 kg を決めていたのですから、課せられた責任は重大です。少しでも傷がつけば、世界中のキログラムが変わるのです。気軽に触ることはできません。二重のガラス容器に覆われ、真空中に保護されています。現在、国際キログラム原器は、フランス・パリ郊外のセーブルというところで、**国際度量衡局**に保管されています。

この原器と同時期に 40 個の複製が作られ、日本には No.6 の複製が配布されました。これが、「日本国キログラム原器」です。現在、茨城県つくば市の**独立行政法人 産業技術総合研究所**に保管されています。ちなみに、日本の原器はフランスの原器よりも、0.176 mg だけ重いそうです。

■ 原器の何がいけないの？

2019 年 5 月から、キログラムの定義が変更されました。しかし、国際キログラム原器による定義では、何がいけなかったのでしょうか？

原器は「物」ですから、必ず劣化します。傷ついたり、欠けたりすることがないとは言い切れません。また、厳重に管理されているとはいえ、盗難の恐れもあります。なにより、人工物に頼るということがすでに時代遅れで、高い精度の測定に耐えられないのです。

それでは、定義の変更に伴って、私たちの体重も変わるのでしょうか？

大丈夫です。みなさんの体重は変わりません。1 kg の定義は変わりますが、1 kg の質量が変わるわけではありません。より精密に測定できるようになるだけです。定義の変更は多方面に影響が出ないように慎重に行われるので、私たちはその変化に気がつかないはずです。なにも心配することはありません。ご家庭の体重計は、そのまま使えますよ。

▰ 1 kg の 1000 分の 1 の質量、1000 倍の質量は？

　実は、メートル法の制定当時、質量の基本単位はグラム［g］になる予定でした。しかし、1 g の質量が小さすぎて扱いづらいということで、その

| **g** | グラム／ gram
量：質量
系：SI 基本単位の
　　分量単位
定義：1 kg の 1/1000 の質量 |

1000 倍であるキログラム［kg］が基本単位として採用されました。そういうわけで、接頭辞が付いている基本単位が誕生しました。

　その結果、1 g は 1 kg の 1000 分の 1 の質量として定義されることになりました。したがって、本来ならば 1 g は、1 mk g（ミリキログラム）と表されるべきなのです。しかし、接頭辞を 2 つ並べるようなまどろっこしいことはせず、素直に 1 g と表すことになっています。ちなみに、「グラム」は「小さな重さ」という意味のギリシャ語に由来します。また、1 g は 1 cm^3 の水の質量に相当します。

　同様に、1 kg の 1000 倍の質量も、1 kk g（キロキログラム）ではなく 1 Mg（メガグラム）と表されます。しかし、私たちは［Mg］よりもトン［t］を使うことのほうが多いでしょう。

| **t** | トン／ ton
量：質量
系：SI 併用単位
定義：1000 kg |

ただし、トンは SI 単位ではありません。SI 単位との併用は認められています。

　1 t は 1000 kg、これは、1 m × 1 m × 1 m の水、つまり、1000 L の水の質量とほぼ同じです。また、「トン」は「樽（たる）」を意味する古（こ）フランス語に由来します。

尺貫法の質量の単位たち
貫、匁、斤

■ 一文銭を貫く！

尺貫法の質量の単位に、「貫」があります。「貫」を訓読みすると、「つらぬく」です。貫という質量単位の由来は、まさに「つらぬく」に大きく関係しています。

貫	かん 量：質量 系：尺貫法 定義：(15/4) kg 備考：1貫＝3.75 kg

天秤を使って質量を測定するときには、分銅が必要です。あるいは、分銅の代わりになるような、小さくて均一の質量の物がたくさんあると便利です。たとえば……、そう、貨幣です。中国では、古くから貨幣の質量を、質量の単位として使っていました。

日本でも同じです。寛永通宝（一文銭）という貨幣が質量の基準とされ、「匁」または「銭」という単位が使われました。一文銭の目方だから、「文目」です。1匁の質量は 3.75 g です。

寛永通宝には、中央に四角い穴が空いています。たくさんの一文銭をジャラジャラ持ち運ぶのは大変ですから、この穴に紐（銭差し）を通してひとまとめにしたそうです。この状況、まさに紐が貨幣を貫いていますよね！

一文銭 1000 枚の質量が「貫」です。つまり、1貫 ＝ 1000 匁という関係があるのです。

明治の度量衡法（1891 年）では、1貫は国際キログラム原器の 4 分の 15、つまり 3.75 kgと定義されました。しかし、尺貫法は 1958 年に廃止されてい

1匁 = 3.75g

ますから、貫は法定単位ではありません

■ 知らずに使っている「斤」

では、現代の私たちは、尺貫法の質
量の単位をすっかり忘れてしまったの
でしょうか？ いいえ、いくつかの単
位はしぶとく使われ続けています。そ
の1つが「斤」です。

斤	きん 量：質量 系：尺貫法 定義：160匁 備考：1斤 ＝ 600g

「斤？ そんな単位は使ったことがないよ！」

いやいや、使っているのに気がつかないだけだと思いますよ。

1891年の度量衡法で、1斤は160匁とされました。つまり、1斤は
ちょうど600gです。尺貫法が廃止されるまでは、牛肉や砂糖などは
「1斤いくら」で売り買いされていたのです。

みなさんが今でも斤を使う場面、それは食パンです。「食パン、1斤
ください」の「斤」です。食パンの「数え方」だと思っている方がい
らっしゃいますが、違いますよ。「斤」は質量の単位です。

実は、度量衡法での定義とは別に、斤にはいくつかの種類がありまし
た。舶来品（外国からの製品）に対しては、「英斤」が使われました。
英斤の1斤は、120匁（450g）です。これは、1ポンド（約453.6g）
を意識してのことです。食パンの焼き型はアメリカやイギリスから輸入
されていたので、当然、英斤が使われたのです。

ところが、その後、食パンの1斤はだんだんと軽くなりました。今、
店頭で売られている包装食パン1斤は、
多分450gもありません。現在の1斤
は、公正競争規約により340g（以上）
と定められています。

ヤード・ポンド法の質量の単位たち
ポンド、オンス、グレーン

🍞 大人1人が1日に食べるパン

　古代メソポタミアには、大麦1粒の質量を基準とする**グレーン**（grain）[gr] という、なんとも小さな質量の単位がありました。今では、その質量が正確に定義されていて、1グレーンは 0.064 798 91 g です。

　この大麦でパンを作りましょう。大人1人が1日に食べるパンを作るために必要な大麦の質量が、ポンド [lb] の由来とされています。

　ポンドは、ヤード・ポンド法の質量の基本単位です。しかし、実は、ポンドにはたくさんの種類が存在します。

　現在、最もよく使われている「**常用ポンド**」の場合、1ポンドは約 0.45 kg

lb	ポンド／pound 量：質量 系：ヤード・ポンド法の 　　基本単位
	定義：0.453 592 37 kg 　　　（常衡、定義値）

（約 450 g）です。先ほどのグレーンとは、「1ポンド = 7000 グレーン」の関係があります。

　日本に住む私たちはあまりポンドを目にしませんが、探せば身近に見つけることができます。

　「あ〜かコーナー、185 ポンド……」などと、ボクシングでは選手の体重がアナウンスされます。

　みなさんの体重は何ポンドですか？

　72 kg の体重の方なら、それを 0.45 kg で割って……、およそ 160 ポンドですね。

　また、ボウリングでは、4 〜 16 ポンドのボールが使われます。12 ポンドのボールなら、

約 5.4 kg です。

　他にも、バターやジャムは 450 g で売られているのをよく見かけます。お店で探してみてください。そうそう、「パウンドケーキ」は、バター、卵、砂糖をそれぞれ 1 ポンドずつ混ぜて作ることに由来しています。

■ ポンドなのに［lb］？

　どうして、ポンドの単位記号が［lb］なのでしょうか？

　古代ローマでは、「大人 1 人が 1 日に食べるパンを作るために必要な大麦の質量」を、「**リブラ**（libra）」という単位で呼んでいたのです。そこで、「〜リブラの重さ」を「〜libra pondus」と表現しました。ここから、「ポンド」が「リブラ」の別名になったとされています。「リブラ」は、「天秤」という意味です。ちなみに、通貨単位の「ポンド」の記号［£］も、libra の頭文字の L です。

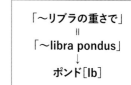

「〜リブラの重さで」
＝
「〜libra pondus」
↓
ポンド［lb］

■ ポンド［lb］とオンス［oz］

　ポンドよりも小さな質量の単位に、オンス［oz］があります。釣りをされている方なら、ルアーの質量がオンスで表示されていることがあるのをご存じですよね。

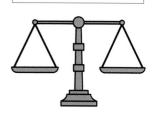

OZ
オンス／ounce
量：質量
系：ヤード・ポンド法
定義：(1/16) lb
備考：1 oz ＝ 28.349 523 125 g
（正確に）

　オンスにも多くの種類がありますが、常用オンスの場合の 1 オンスは、約 28 g です。これは、常用ポンドの 16 分の 1 の質量に当たります。

　日本では定形郵便物（封書）を送る場合、25 g を境に料金が変わりますが、アメリカでは 1 オンスを境に料金が変わります。

圧力の単位たち
気圧、ヘクトパスカル、ミリバール、水銀柱ミリメートル

■ 気圧の単位「気圧」

国際単位系 SI の圧力の単位はパスカル［Pa］（p.36）ですが、これ以外にも圧力の単位はたくさんあります。その 1 つが、「気圧」です。

地球は大気に覆われているので、地表の物体は空気の圧力を受けています（私たちはそのことを気にも留めていませんが……）。これが、大気圧（気圧）です。しかし、毎日の天気予報を見るとわかるように、大気圧は場所や気象条件によって異なります。そこで、海面における平均気圧を「標準気圧」と定め、これを「1 気圧」と定義しています。ちなみに、1 気圧を［Pa］を使って表すと、**101 325 Pa** です。

山の頂上など、高い位置の気圧は小さくなります。たとえば、富士山の山頂の気圧は約 0.6 気圧、エベレスト山頂だと約 0.3 気圧です。また、水圧を表すときにも「気圧」が使われます。水深 10 m のところでは、大気圧が 1 気圧、水圧が 1 気圧、合わせて 2 気圧の圧力がかかります。

1 気圧を 1 atm（アトム）と表すことがあります。この［atm］は、大気を意味する英単語 atmosphere の最初の 3 文字です。

> **atm**
>
> 気圧
> 量：圧力
> 系：メートル法、非 SI
> 　　単位
> 定義：101 325 Pa

■ 1030 ミリバールの気圧は？

天気予報で使われている気圧の単位といえば、ヘクトパスカル［hPa］ですね。「ヘクト h」は 100 倍を表す接頭辞ですから、［hPa］は［Pa］の 100 倍ということです。

ヘクトパスカルは、1992 年の 12 月から一気に使われるようになりました。というのは、それまで使われていたミリバール［mbar］が、SI 単位ではないという理由で使えなくなったからです。1 bar は

100 000 Pa で、1 mbar は 1 bar の 1000 分の 1 の圧力です。

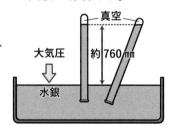

バール／ bar
量：圧力
系：メートル法、非 SI 単位
定義：100 000 Pa
備考：1 m² につき 10 万 N の力が作用する圧力

　ちなみに、以前の天気予報で 1030 mbarと言っていた気圧を［hPa］を使って表すと、1030 hPa です。そうです、単位が変わっただけで数値の部分は全く同じ。「ヘクト h」という接頭辞を使うことで、大きなストレスを感じることなく単位を移行することができたわけです。

▮ 血圧の単位は？

　気圧はどうやって測るのでしょう？　イタリアの物理学者でガリレオの弟子**トリチェリ**（1608 ～ 1647 年）が行った実験が有名です。

　一方をふさいだガラス管に水銀を入れて、水銀槽にさかさまに立てます。すると、ガラス管の中の水銀は、水銀面からおよそ 760 mm の高さまでしか届きません。これは、水銀柱が水銀面を押す圧力と大気圧が釣り合っているからです。つまり、

真空

大気圧

約760mm

水銀

水銀柱の高さで気圧（圧力）を表すことができるのです。このときに使われる単位が、水銀柱ミリメートル［mmHg］です。Hg はもちろん、水銀の元素記号。1 気圧は 760 mmHg です。

　私たちの血圧も、圧力の単位を使って表します。「上が 140、下が 90」などと、単位を付けずに数値だけで言うこと多いですが、使われている単位は［mmHg］です。

mmHg
水銀柱ミリメートル／ millimetre of mercury
量：圧力
系：メートル法、非 SI 単位
定義：(101 325/760) Pa

　最後に、［atm］［hPa］［mbar］［mmHg］の関係を示しておきましょう。

1 atm = 1013.25 hPa = 1013.25 mbar = 760 mmHg

漢字で表される単位たち
「センチメートル」を漢字でどう書く？

「ヘイベイ」とは？

「ヘイベイ」って何ですか？

この質問を受けるたびに、そりゃわからないよなぁと思います。まさか、「ヘイベイ」が［m²］のことだとは……。

順を追って説明しましょう。日本にメートル法やヤード・ポンド法の単位が導入されたとき、漢字での音訳表記も始められました。

（例）　メートル …… 米突

　　　　グラム ……… 瓦羅牟

ここから、「米」「瓦」の１文字だけで、それぞれ「メートル」「グラム」を表すようになったのです。面積の単位「平方メートル」なら、「平方米突」、これを略して「平方米」または「平米」というわけです。また、「立方メートル」なら「立方米」または「立米」です。

漢字を組み合わせて……

面白いのは、漢字と漢字を組み合わせて、新たな漢字が作り出されたことです。たとえば、メートルを表す「米」と「100分の1」を表す「厘」が合体すると……、「米」＋「厘」→「糎」となります。

わかりますか？　これで「センチメートル」という漢字ができあがったのです！　ほかにもあるので、紹介しましょう。

【長さ】

粁 …… キロメートル　　　粨 …… ヘクトメートル

籵 …… デカメートル　　　米 …… メートル

粉 …… デシメートル　　　糎 …… センチメートル

粍 …… ミリメートル　　　粆 …… マイクロメートル

【質量】

瓩 …… キログラム　　瓸 …… ヘクトグラム

瓧 …… デカグラム　　瓦 …… グラム

瓰 …… デシグラム　　甅 …… センチグラム

瓱 …… ミリグラム　　砂 …… マイクログラム

瓲 …… トン

【面積】

平方米、平米 …… 平方メートル

阿 …… アール　　　陌 …… ヘクタール

【体積】

竏 …… キロリットル　　竡 …… ヘクトリットル

竍 …… デカリットル　　立 …… リットル

竕 …… デシリットル　　甅 …… センチリットル

竓 …… ミリリットル　　竗 …… マイクロリットル

立方米、立米 …… 立方メートル

ヤード・ポンド法の単位も漢字で……

　日本では、ヤード・ポンド法の単位の使用が認められていた時期がありました。ということは、それらを表す漢字表記もありました。

【長さ】　吋 …… インチ　　　呎 …… フート（フィート）

　　　　　碼 …… ヤード　　　哩 …… マイル

【質量】　封土 …… ポンド　　唡 …… オンス

【面積】　噎 …… エーカー

【体積】　竔 …… ガロン　　　吧 …… パイント

（注意）１つの単位に複数の漢字表記がある場合があります。

　　　　ここでは、一例を示しました。

お寿司の「1貫」について

お寿司の「1貫」は、1つ？ 2つ？

「1貫のお寿司」というと、私は2つのお寿司をイメージします。私と同じイメージを持つ人は、確かに存在します。しかし、最近では少数派のようです。「1貫＝1つ」と思っている人のほうが多いと思います。

そもそも、「貫」は「数え方（助数詞）」ではなく、質量の単位です（p.68）。お寿司を1貫、2貫と数えるようになったのには、本当にたくさんの説があるのですが、私がこれだと信じている説を紹介しましょう。

「銭差し一貫」って？

一文銭を紐に通して持ち運びしていた話は、p.68でしました。江戸時代は、一文銭96枚が紐に通してあれば、それが100文として通用したそうです（銭差し百文）。これが10本あれば、「銭差し一貫」です。

一方、江戸前のにぎり寿司は、1つが今よりもずっと大きかったそうです。9種類のネタがセットにされていて、これが一人前。この重さがちょうど銭差し百文（360g）と同じくらいでした。そこで、威勢よく「一貫揃い」と呼ばれるようになりました。1貫は3.75kgですから、この時点で10倍近くもオーバーに表現していたわけですね。

大きな寿司を2つに分けた！

この呼び方が定着してくると、今度はにぎり寿司1つ分を「1貫」と呼ぶようになります。もう、むちゃくちゃな誇張表現です。

さらに、食べやすくするために、「1貫」の寿司を2つにわけて出すようになりました。「貫」は質量の単位ですから、1つだろうが2つだろうが、ともに「1貫」です。「寿司の1貫が1つなのか、2つなのか」問題は、ここで発生したわけです。そして、「1貫は1つでもあり、2つでもありえる」というのがその答えです。

第 **3** 章

- 時間の単位たち
- 速さを表す単位たち
- 加速度の単位たち
- ラジアンとステラジアン

時間、速さ、加速度、角度の単位たち

時間の単位たち
秒、分、時、日、週、月、年

🖱 「分」や「時」は、「秒」から決める！

「秒」は、英語で「second」です。second には、「第 2、第 2 の」という意味もあります。「秒」と「第 2」には、一体どのような関連があるのでしょう？

　古代において、人々が時間の基本単位として使っていたのは「日」、少し細かくなってもせいぜい「時」まででした。hour（時）は、ギリシャ語の hora（時間）に由来します。精密な機械式時計が発明されて、ようやく「分」や「秒」という単位が使われるようになりました。

　ご存じのように、1 時間を 60 等分したものが、1 分です。これが、「第 1 の小さな部分」です。minute（分）は、「小さい」という意味のラテン語 minutus が語源です。「ミニ」や「マイナス」なども同じ語源です。

　さらに、1 分を 60 等分したものが 1 秒です。これが、「第 2 の小さな部分」。もともと second minute と呼ばれていたのですが、やがて単に second となったわけです。

　second の由来はこの通りなのですが、いまや秒 [s] は、国際単位系 SI の時間の基本単位です。したがって、分 [min] や時 [h] は、秒を使って定義されています。もちろん、1 秒の 60 倍が 1 分、3600 倍が 1 時間です。

　ただし、私たちが毎日使っている分 [min] や時 [h] は、実は SI 単位ではありません。もちろん、SI 単位との併用は認められています。

min	分／minute 量：時間 系：SI 併用単位 定義：1 秒の 60 倍
h	時／hour 量：時間 系：SI 併用単位 定義：1 秒の 3600 倍

■ 「日」と「週」

続いて、時［h］よりも長い時間について紹介しましょう。

日［d］は、86 400 秒と定義されています。昔は、「日→時→分→秒」という流れで定義が進められたのですが、今では秒を使って日を定義しています。

d	日／day 量：時間 系：SI 併用単位 定義：1 秒の 86 400 倍

ただし、日［d］も分［min］や時［h］と同じく、SI 併用単位です。

次に、週［w］です。ご存じのように、1 週は 7 日です。私たちの社会は、7 日を 1 つの周期として組み立てられている実態があります。ところが、週は SI 併用単位ですらありません。

w	週／week 系：非 SI 単位 量：時間 定義：7 日

週の由来に関しては、キリスト教の『旧約聖書』の「創世紀」における「神は 6 日間で天地を創造し、7 日目に休息した」という説が有名ですが、他にも多くの説があります。ちなみに、「日曜日は休日」というシステムが日本の官庁で採用されたのは、明治に入って 1876 年 4 月からのこと。まだ、歴史が浅いのですね。

■ 「年」と「月」

1 年は、おおざっぱに言えば、地球が太陽のまわりを 1 周する時間のことです。しかし、残念ながら、これは日［d］の倍数にはならず、およそ

y	年／year 量：時間 系：非 SI 単位 定義：太陽が平均春分点を引き続き 2 回通過する間の時間間隔 備考：約 365.2422 日

365.24 日なのです。カレンダーでは仕方なく、ほぼ 4 年に 1 度、366 日の年を入れて、そのあたりを調整しているわけです（**閏年**）。

ひと月の日数は、28 日から 31 日までバラエティに富んでいます。このような「揺れ」があるので、厳密には「月」を「単位」と呼ぶのは難しく、「**暦上の単位**」として使用されています。

速さを表す単位たち
ノット、カイン

秒速、分速、時速

　キャラクター図鑑（p.40）で、速さの単位 [m/s] を紹介しました。繰り返しになりますが、この単位は「1秒間で ○ m 進むか」ということを表しています。1秒間に進む距離が「**秒速**」、1分間に進む距離が「**分速**」、1時間に進む距離が「**時速**」です。

　秒速なら [m/s]、分速なら [m/min]、時速なら [km/h] だと思い込んでいる方に出会うことがありますが、そんなにガチガチに固定されているわけではありません。速さを表したい対象や目的に合わせて、長さや時間の単位は変更してかまいません。たとえば、カタツムリの速さなら、[m/h]（1時間で ○ m）や [cm/min]（1分で ○ cm）くらいの単位を使うのがよいわけですね。

船の速さを表す「ノット」

　音楽では、Largo（ラルゴ）や Adagio（アダージョ）など、曲のテンポを表す「速度記号」というものがあります。たとえば、Andante（アンダンテ）は「歩くような速さで」という意味で、1分間におよそ 72 拍くらいのテンポです。人の歩くスピードがおよそ 4 km/h（時速 4 km）なので、4 km/h を基準として、「アンダンテ」という単位を作ると面白いかもしれません。20 km/h で走る自転車の速さは、5 アンダンテです。

　しかし、実際にはそんな単位はありません。実のところ、特別の名称を持つ速さの単位の例は多くありません。ここでは、2つの例を紹介しましょう。

　1つめは、ノット [kn] [kt] です。1時間に1海里（1852 m）進む速さが、1ノットです。「海里」は地球の緯度1分に相当する長さの単

位でしたね（p.25）。だから、船の速
度を表すには、とても使いやすい単
位なのです。ノット（knot）とは、
「結び目」という意味です。一定の間

| kn | ノット／knot [kt]
量：速さ
系：非SI単位
定義：1時間に1海里の
速さ |

隔で結び目をつけた縄を船尾から海に流し、船の速度を求めたことに由
来します。

　1ノットは、時速1852 m（1.852 km/h）です。これって、どれくら
いのスピードか想像つきますか？　さきほどの1アンダンテよりもま
だ遅いのですよ。これは、1秒に約51 cm進むという速さです。

　たとえば、仙台と苫小牧を結ぶ航路のフェリーの平均速度は、およそ
20ノット（時速37 km）です。
こんなにゆっくりなのかと驚か
れるかもしれませんが、船が水
の抵抗を受けて進むのはこれほ
ど大変なのだと想像してくださ
い。通常の船舶では、30ノット
程度が限界のようです。

地震動の速さを表す「カイン」

　あまり知られていませんが、カイン
[kine] という速さの単位があります。
1秒間に1 cmというゆっくりとした
速さが1 kineです。

| kine | カイン／kine
量：速度、速さ
系：CGS単位系、非SI
単位
定義：1秒間に1 cmの
速さ |

$$1 \text{ kine} = 1 \text{ cm/s}$$

　カインは、主に地震動の速さを表すときに使われます。最近の研究で
は、地震の際の建物の被害状況が、地震動の最大加速度よりも最大速度
に関係が深いことがわかってきました。したがって、地震動の最大速度
を［kine］で表し、地震の規模を表すことが増えてきています。

加速度の単位たち
m/s², G、Gal

加速度とは？

信号が青になって自動車が走り出し、ぐんぐん加速される。逆に、走っている自動車が赤信号で減速することもあります。この「加速」や「減速」の度合いを数値で表したものが、「加速度」

$$m/s^2$$

メートル毎秒毎秒／
metre per square second
量：加速度
系：SI 組立単位
定義：1秒間に1メートル毎秒の加速度

です。具体的には、「単位時間当たりの速度の変化率」として求められます。つまり、「速度の変化量」を「変化に要した時間」で割ればよいのです。国際単位系 SI の加速度の単位は、メートル毎秒毎秒 [m/s²] です。特別な名前はありません。

たとえば、停止している物体が、5秒後に 20 m/s の速さになったとしましょう。この場合の加速度は、20 m/s ÷ 5 s ＝ 4 m/s² です。ただし、最初の1秒でぐっと速度を上げて、あとの4秒ではゆっくりと速度を上げている可能性はあります。ですから、このようにして求めた加速度は、あくまでも「平均の加速度」です。

ちなみに、速度を上げるときの加速度は正の数、速度を落とすときの加速度は負の数になります。また、新幹線が時速 300 km という高速をキープして走っていた場合、加速度は 0 m/s² です。

標準重力加速度とは？

止まっているボールに力を加えると、転がり始めます。また、転がっているボールにその向きとは逆向きの力を加えると、動きを止めることもできます。つまり、物体に力を加えると、（正であれ負であれ）加速度が生じるわけです。

さて、地球上の物体は、絶えず地球から引っ張られています（重力）。

力がはたらくと、そこには加速度が生じます。これが「**重力加速度**」です。たぶん、世界でいちばん有名な加速度です。

1901 年の国際度量衡総会で、地球上の標準重力の加速度 g の値は、次のように規定されました。

$$g = 9.806\ 65\ \text{m/s}^2$$

「標準」という言葉から想像できるように、実は、重力加速度の値は測定する場所によって少しずつ異なります。一般に、地球上の高緯度地方よりも低緯度地方（赤道に近い地域）のほうが重力加速度が小さくなる傾向があります。なお、月の重力加速度は 1.6249 m/s^2 で、これは地球の重力加速度のおよそ 6 分の 1 です。

「ジー」と「ガル」

この重力加速度を、加速度の単位として使うことがあります。それが、ジー［G］です。たとえば、重力加速度の 2 倍なら 2 G と表します。F1 ドライバーがレース中に加速・減速するとき、また、カーブを曲がるときに、4 〜 5 G の加速度を体験するそうです。

G	ジー／ G 量：加速度 系：非 SI 単位 定義：9.806 65 m/s^2
Gal	ガル／ gal 量：加速度 系：CGS 単位系、非 SI 単位 定義：1 秒につき 1 cm/s の加速度

加速度には、ガル［Gal］という単位もあります。1 ガルは、1 秒当たり 1 cm/s の速さが加わる加速度を表します。

$$1\ \text{Gal} = 1\ \text{cm/s}^2 = 0.01\ \text{m/s}^2$$

この単位名は、振り子の等時性や落体の法則の発見で有名なイタリアの物理学者**ガリレオ・ガリレイ**（1564 〜 1642 年）に由来します。

ガルは SI 単位ではありませんが、地球物理学などでよく用いられます。計量法では、地震にかかわる振動加速度の計量に限って用いてよいとされています。

ラジアンとステラジアン
度 [°] は国際単位系の単位ではない！

■■ 「ラジアン」とは？

「角の大きさは、角の大きさで測る」──これが、「度数法」の考え方
でした。度数法の 1° は、「円周を 360 等分した弧の中心に対する角度」
です。とてもわかりやすいのですが、度数法は国際単位系 SI の単位で
はありません（p.43）。では、度数法以外に、どんな方法で角の大きさ
を表すというのでしょう？

　答えは、弧の長さを使う
方法です。

　円周上に 2 点を取れば、
円周の一部を切り取ること
ができます。これを「弧」
といいます。

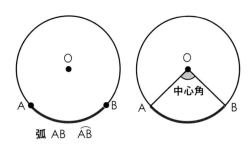

弧 AB　$\overset{\frown}{AB}$

　また、右上の図のように、円の中心 O と弧 AB の両端を結ぶと、
∠AOB ができます。これを「弧 AB に対する中心角」といいます。

　このとき、中心角と弧の長さは、お互いに比例関係にあります。つま
り、中心角の大きさが 2 倍、3 倍になれば、弧の長さも 2 倍、3 倍にな
るというわけです（ピザをカットする様子を想像するとわかりやすいと
思います）。したがって、中心角の大きさを、弧の長さを使って表すこ

とができるのです。これを、「弧度法」
といいます。そして、弧度法で使われ
る単位が、SI の角度（平面角）の単位
ラジアン [rad] です。半径を意味す
るラテン語の radius に由来します。

rad	ラジアン／radian 量：平面角 系：固有の名称を持つ SI 　　組立単位 定義：円の半径に等しい長さの弧 の中心に対する角度

　しかし、「弧の長さを使って、角の大きさを表す」方法には問題があ
ります。同じ中心角でも半径の長短で、扇形の弧の長さが変わってしま

うのです。

そこで、弧にその円の半径を使って目盛りをつけるという方法を採ります。こうすれば、円の大小にかかわらず、「半径いくつ分」という方法で中心角を表すことができます。実際にやってみると、円周の長さは半径の6倍とあと少しだとわかります。

1ラジアン［rad］は、半径1つ分の長さの弧に対する中心角の大きさです。度数法を使えば、1ラジアンは約57.2°です。また、180°は約3.14ラジアン、つまりπラジアンです。弧度法では、単位「ラジアン」を付けずに、単に数値だけで表すことが多くあります。

■ 「ステラジアン」とは？

閉じた傘や開いた傘、ソフトクリームのコーンなどの「とんがり具合」を表すのが、立体角の単位であるステラジアン［sr］です。

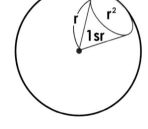

考え方は、ラジアンと似ています。球の表面を半径の2乗の面積で覆います。そのときの立体角が1ステラジアンです。

半径がrである球の表面積は$4\pi r^2$ですから、全立体角は4π［sr］です。また、サイコロの1つの立体角は0.5πステラジアン、直方体の形をした一般的な「豆腐の角」の立体角も0.5πステラジアンです。

なお、ステラジアンは、明るさの単位カンデラ［cd］の定義にも登場します。

sr	ステラジアン／steradian 量：立体角 系：固有の名称を持つSI組立単位

定義：球の半径の平方に等しい面積の、球面上の部分の中心に対する立体角

秒［s］の定義の移り変わり

～ 1956 年　平均太陽日の 86 400 分の 1

　この頃までの秒［s］は、地球の自転周期をもとに定義されていました。1日を 24 等分し（1時間）、1時間を 60 等分し（1分）、さらに1分を 60 等分して求められたのが「秒」です。すなわち、1秒は 1 日の 86 400 分の 1 の時間という定義です。

　ところが、のちに地球の自転速度が一定ではなく、不規則であることが判明したのです。

～ 1967 年　1 太陽年の 31 556 925.9747 分の 1

　そこで、地球の公転周期を基準とした秒の定義に変更されました。つまり、「秒」を「年」から定義するということです。しかし今度は、地球の公転周期にもブレがあることがわかってきたのです。

1967 年～　セシウム 133 を用いた原子時計による定義

　ある条件下のセシウム原子に電磁波を当てると状態が変化します。このときの電磁波の周波数が安定しているので、これを使って「1秒」を定義する方法が考えられました。現在の定義は、次のとおりです。

> セシウム 133 原子の基底状態の 2 つの超微細準位の間の遷移に対する放射の周期の 91 億 9263 万 1770 倍の継続時間

　上の定義のように、ついに秒は、地球の動きから独立したのです！

　現在では、セシウム 133 を用いた原子時計よりもさらに精度の高い、ストロンチウム光格子時計やイッテルビウム光格子時計が開発されています。

第**4**章

- 電気に関連する単位たち
- 電気関連のエネルギーの単位たち
- 磁石に関する単位たち
- 回転速度、角速度を表す単位たち

電磁気と回転速度の単位たち

電気に関連する単位たち
クーロン、ボルト

■「クーロン」とは？

　クーロン［C］とは、電荷（電気量）の単位です。導線を電気が流れている様子を管を流れる水にたとえれば、水の量そのものが電荷に当たります。

> **C**
> クーロン／coulomb
> 量：電荷、電気量
> 系：SI組立単位
> 定義：1Aの電流が1s
> の間に運ぶ電荷

　電流の正体が電子の流れだというのは、ご存じですよね。すると、電子1個が持つ電荷（**電気素量 e**）がわかれば、それに電子の個数をかけ算して、全体の電荷が求められるわけです。ですから、クーロンを基本単位にして、そこからアンペアを定義するという考え方があっても、おかしくはありません。

　ところが、電子はとてつもなく小さいので、数えるのは大変です。また、電気素量を高い精度で表すのも、非常に困難でした。そこで、どうしていたかというと、先に「電流」を定義したのです。そして、1アンペアの電流が1秒間に運ぶ電荷を1クーロンと定義したのです。

　2019年5月、電流の単位アンペア［A］の定義は、電気素量を用いた定義に変わりました（p.45）。しかし、クーロンがアンペアから定義されるという関係は、これからも維持されると思われます。

　ちなみに、クーロン［C］を電気素量eを用いて定義すれば、1Cは正確にeの 6.241 509 629 152 65 × 10^{18} 倍の値になります。また、言うのが遅くなりましたが、単位名「クーロン」はフランスの物理学者**シャルル・ド・クーロン**（1736〜1806年）にちなんでいます。

■「電圧」とは？

　電流は「電子の流れ」ですが、「電子がある」だけでは、流れません。電子を流すためには、流そうとする働きかけが必要です。このことを、

「水の流れ」でイメージしてみましょう。

　水は高い所から低い所へ流れます。流れる水を使って、水車を回すなどの仕事をさせることも可能です。つまり、「高さ」には水を流そうとする働きがあり、また、水は高いところにあるだけでエネルギー（位置エネルギー、ポテンシャルエネルギー）を持っていることになります。もちろん、高さが高いほど、水の量が多いほど、エネルギーは大きくなります。

　この水の流れを「電流」と考えたとき、「高さ」（＝電流を流そうとする働き）に当たるのが「電圧（電位差）」です。電圧の単位は、ボルト［V］です。単位名は、ボルタ電池の発明者であるイタリアの物理学者**アレッサンドロ・ボルタ**（1745 ～ 1827 年）に由来します。

「ボルト」とは？

　電流と電圧をかけ算すると、1秒当たりのエネルギー、つまり「電力（仕事率）」を求められます。

　　　（電力）＝（電流）×（電圧）

　電圧は、この電力、電流、電圧の関係を使って定義されます。「電力（仕事率）」の単位ワット［W］は、電気関連の単位を使わずに定義されているので（p.105）、［W］と［A］から［V］を定義できるわけです。具体的には、1Aの電流が流れるときに、1W（ワット）の電力を消費するような2点間の電圧（電位差）を1Vとします。

　　　1 W ＝ 1 A × 1 V

　日本の一般家庭用の電圧は、通常100 Vです。この値は、ぜひ覚えておきましょう。ただし、海外では異なる場合があります。日本の電化製品を海外で使うには、渡航先の電圧を調べておきましょう。

V	ボルト／volt 量：電圧、電位差 系：SI組立単位 定義：1Aの電流が流れる導体の2点間において消費される電力が1Wであるとき、その2点間の電圧

電気関連のエネルギーの単位たち
電子ボルト、キロワット時

■ 電気素量と電子ボルト

電流の単位アンペア［A］や電気量の単位クーロン［C］の説明の中で、「電気素量」が登場しました。これは、電子1個の電気量の大きさであり、陽子1個の電気量のことです。一般に斜体の「e」という記号で表され、これが電気量の最小単位です。

電子1個が1Vの電位差で加速したときに得るエネルギーは、1電子ボルト（エレクトロンボルト）と定義されています。単位記号は［eV］です。

$$1\,eV = e \times 1\,V$$

電子ボルトはエネルギーの単位ですから、ジュール［J］を使って表すことができます。

$$1\,eV = 1.602\,176\,634 \times 10^{-19}\,J$$

ちなみに、1クーロンの電荷が1Vの電位差で加速した場合、得られるエネルギーは1Jです。

$$1\,J = 1\,C \times 1\,V$$

| eV | 電子ボルト、エレクトロンボルト／ electron volt
量：エネルギー
系：SI 併用単位
定義：電子1個を1Vの電位差で加速したときに得るエネルギー |

■ 「キロワット時」とは？

電子ボルト［eV］なんて単位は素粒子物理学や原子核物理学などで使われる単位で、日常生活でお目にかかることはまずありません。そこで、日頃よく見かけるエネルギーの単位を紹介します。毎月の電気料金の明細書でおなじみの単位キロワット時［kWh］です。

ワット［W］（p.104）は、仕事率の単位です。1秒間に1J（ジュール）（p.100）の仕事をする割合が1Wです。

$$1\,W \times 1\,s = 1\,Ws = 1\,J$$

「キロワット時」というのは、1kW（= 1000 W）の仕事率で1時間続けたときの仕事、あるいは1kWの電力を1時間消費したときの電力量になります。

kWh
キロワット時／
kilowatt hour
量：エネルギー、仕事、
熱量、電力量
系：SI併用単位
定義：1時間当たり1キロワット
の仕事率の仕事

もっとわかりやすく言えば、1000 W（= 1 kW）の電気ストーブを1時間（1 h）使ったときの消費電力量が1kWh（キロワット時）です。

$$1\,kW \times 1\,h = 1\,kWh$$

1キロワット時をジュールの単位に換算すると、次のようになります。

$$1\,kW \times 1\,h = 1000\,W \times 3600\,s = 3600\,000\,J = 3.6\,\overset{\text{メガジュール}}{M}J$$

国際単位系SIの方針からすれば、［kWh］よりも［J］を使うべきなのですが、私たちは日頃から電力の単位としてワットを使っているので、［kWh］のほうが理解しやすいのですね。

▆ ［kWh］がもっとメジャーに？

ところで、みなさん、「電費」という言葉をご存じですか？

ガソリンで走る自動車なら、［km/L］（ガソリン1Lで何km走行できるか）で表される燃費を気にしますよね。今後、どんどん増えてくるであろう電気自動車の場合、1kWhで何km走れるかが重要になります。ガソリン車の「燃費」に相当するもの、それが「電費」です。

電費は、［km/kWh］で表されるのが一般的です。現在の主流の電気自動車の電費は、7～10 km/kWhくらいです。

$$電費\,[km/kWh] = \frac{走行距離\,[km]}{電力量\,[kWh]}$$

磁石に関する単位たち
ウェーバとテスラ

磁束の単位「ウェーバ」

　誰しも小さい頃に、釘やクリップを磁石にくっつけて遊んだことがあると思います。磁石同士がくっついたり、反発したりする現象もご存じのはず。そんな経験の中で、磁石には力の強いものと、弱いものがあることにも気がついたことでしょう。磁石の力は、確かにそこに存在しています。

　このような磁力の大小を表すときに使われるのが、磁束（じそく）の単位ウェーバ［Wb］です。この名前は、ドイツの物理学者**ヴィルヘルム・ヴェーバー**（1804〜1891年）に由来します。

　では、磁石の強さはどのような仕組みで測定されるのでしょうか？

磁束の測り方は？

　棒磁石の周囲に砂鉄を巻くと、磁石の力がはたらく様子が線状になって見えます。磁力はN極からS極に向かう仮想の線（**磁力線**）で表現

されます。わかりやすく言えば、この磁力線の束が「**磁束**」です。

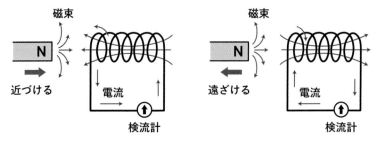

　さて、ここからです。コイル（針金などをらせん状に巻いたもの）に磁石を近づけたり遠ざけたりすると、コイルに電圧が生じます。この現

象を「**電磁誘導**」、発生する電圧を「**誘導起電力**」といいます。

このとき、コイルに発生する誘導起電力は、

  ① 磁石の磁力が強いほど、

  ② 磁石を速く動かすほど、

  ③ コイルの巻き数が多いほど、

大きくなります。これは、「**ファラデーの電磁誘導の法則**」と呼ばれています。

ウェーバ［Wb］は、この現象を利用して定義されています。1回巻きのコイルに1Vの起電力を生じさせるような磁束の変化量が1Wbです。

> **Wb**
> ウェーバ／weber
> 量：磁束
> 系：SI組立単位
> 定義：1回巻きの閉回路に1Vの起電力を生じるのに必要な1秒当たりの磁束の変化量

磁束密度の単位「**テスラ**」

以前、肩こりを癒す磁気治療器のコマーシャルで**ガウス**［G］という磁束密度の単位が使われていました。しかし、最近ではほとんど使われなくなりました。

国際単位系SIの磁束の単位は先ほどの［Wb］、面積の単位は［m²］ですから、磁束密度の単位は［Wb/m²］です。これには、テスラ［T］という特別の名称と記号が与えられています。

> **T**
> テスラ／tesla
> 量：磁束密度
> 系：SI組立単位
> 定義：磁束の方向に垂直な面の1m²につき、1Wbの磁束密度

この名称は、アメリカの電気工学者**ニコラ・テスラ**（1856～1943年）に由来します。

現在、磁束密度の単位はテスラに統一されています。**1000 G = 1 T** の関係があります。磁気治療器に使われている磁石の磁束密度は、80～200ミリテスラくらいです。また、多くの病院で使われているMRI装置（核磁気共鳴画像診断装置）では、0.5～3テスラの永久磁石や超伝導電磁石が組み込まれています。

回転速度、角速度を表す単位たち
rpm、rps、rad/s

モーターの仕組み

　鉄の棒に導線をぐるぐると何重にも巻き付けたものを、「**コイル**」といいます。コイルに電流を流すと磁力が生まれます。これが「**電磁石**」です。

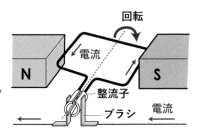

　電磁石に、自由に回転できる仕組みと電流の方向を逆向きにする仕組みを与えて、永久磁石と組み合わせると、コイルは連続的に回転するようになります。ごくごく簡単に書きましたが、これが「**モーター**」の仕組みです。

　では、回転速度はどのように表したらよいのでしょう？

回転速度を表す単位は？

　レコードプレーヤーを例にしましょう。といっても、最近では CD（コンパクトディスク）を買って音楽を聴く人も減ってきましたから、若い人はレコードなんていっても全く知らないかもしれません。レコードを聴くためには、レコードプレーヤーが必要です。もちろん、ここにもモーターが使われています。

rpm　回毎分／［r/min］
revolution per minute
量：回転速度、回転数
系：非 SI 単位
定義：1 分間に 1 回の回転速度

　レコードプレーヤーの回転速度は、［rpm］あるいは［r/min］という単位を使って表されます。［rpm］は 1 分間の回転数を示しています。

「1 分間の回転数」を表す、英語の revolution per minute あるいは rotation per minute の頭文字を並べたものです。[rpm] を使えば、コマが回る速さやエンジンの回転速度も表せるようになります。

　レコードプレーヤーは、一定の速度で回転します。回転速度は選べるようになっていて、よく見かける数値は、$33\frac{1}{3}$ rpm、45 rpm、78 rpm です。$33\frac{1}{3}$ rpm という回転速度はずいぶん中途半端に思えますが、これは 3 分間で 100 回転する速度ということです。

　では、CD はどれくらいの速さで回っているのでしょうか？

　実は、CD の回転速度は一定ではありません。内側を再生するときには速く（約 500 rpm）、外側では遅く（約 200 rpm）なるように設計されています。回転速度を変えることで、ヘッドが記録面をなぞる速度（線速度）がいつも一定になるように調整されています。

■ 回転速度が速いとき、遅いときは？

　回転速度が速い場合は、1 分間の回転数である [rpm] で表すと、数値が大きくなって使いづらくなります。そんなときは、「1 秒間の回転数」で表せばいいですね。この場合は revolution per second なので、単位は [rps][r/s] です。フィギュアスケートのトップ選手の回転速度は、5.5 rps を超えるそうです！

　逆に回転速度が遅い場合は、回転の回数ではなく、1 秒当たりの回転の角度を使って速度を表すことになります。これは、「**角速度**」と呼ばれます。

> **rad/s** ラジアン毎秒
> radian per second
> 量：角速度
> 系：SI 組立単位
> 定義：1 秒間に 1 ラジアンの角速度

　国際単位系 SI の角度の単位は、ラジアン [rad]（1 ラジアンはおよそ 57.2°、p.84）です。したがって、角速度の単位はラジアン毎秒（radian per second）[rad/s] です。

1分間の回数を表す単位

曲のテンポと心拍数

楽譜に「♩＝90」のように示されていることがあります。これは、「1分間に四分音符が90回打つテンポで」ということを表しています。

同じテンポを90 bpmと表すこともあります。［bpm］は beats per minute の略で、1分当たりのビート（拍）の回数を表す単位です。音楽の世界だけではなく、みなさんの心拍数（脈拍数）も［bpm］で表されます。1分間に80回なら80 bpmです。

100 bpm を身につけよう！

AED（自動体外式除細動器 Automated External Defibrillator）について、見聞きしたことがあるかと思います。心臓の状態を自動的に判断し、心室細動の状態なら瞬間的に強い電流を流し心臓にショックを与え、心臓を正常に戻すようにはたらきかける器械です。

大変役に立つ器械ですが、無呼吸あるいは呼吸が弱い場合、AEDの使用と並行して胸骨圧迫を行う必要があります。

胸骨圧迫では、1分間に100回くらいのテンポ（100 bpm）で、胸の真ん中を4～5 cm沈む程度に強く押す必要があります。適切なテンポを維持するために、頭の中で歌を歌いながら行うとよいそうです。

---

100 bpm くらいのヒット曲

ビージーズ『Stayin' Alive』、アバ『ダンシング・クイーン』、SMAP『世界に一つだけの花』、スピッツ『チェリー』、中島みゆき『地上の星』、Dreams Come True『何度でも』、ウルフルズ『明日があるさ』、安室奈美恵『Don't wanna cry』、AKB48『心のプラカード』

キャラクター図鑑 Part 2

質量（モル）

モル

光度

温度

カンデラ

ケルビン

K（ケルビン）／ J（ジュール）／ cal（カロリー）／ W（ワット）／
cd（カンデラ）／ B（ベル）／ Hz（ヘルツ）／ mol（モル）／
pH（ピーエッチ、ペーハー）／ ％（パーセント）／
Bq（ベクレル）／ au（天文単位）／ Å（オングストローム）／
b, bit（ビット）／ M（マグニチュード）

K

No. 16

ケルビン／ kelvin

宇宙は絶対零度に最も近い。

以前は水の三重点の温度が基準になっていた。

色温度の単位も「ケルビン」。

273.16

名量	熱力学温度	系	SI 基本単位

定義 ボルツマン定数 k の値を $1.380\ 649 \times 10^{-23}$ JK^{-1} と定めることによって定まる温度

備考 セルシウス温度における 1 度の温度差は、ケルビンの 1 度の温度差と等しい。

絶対零度を下限とする温度の単位 水の三重点の温度からボルツマン定数による設定へ

■「ケルビン」とは？

　国際単位系 SI の温度（熱力学温度）の基本単位は、ケルビン ［K］ です。「ケルビン」という名称は、この温度の表し方の必要性を提唱したイギリスの物理学者ウィリアム・トムソン（のちに男爵となり、**ケルヴィン卿**。1824 ～ 1907 年）にちなんでいます。

　キログラムと同様、ケルビンも 2019 年 5 月に定義が新しくなりました。今後は、「**ボルツマン定数**」と呼ばれている物理定数の値を定め、そこから設定されます。しかし、厳密・正確になったのはよいのですが、この定義からはケルビンがどのようにして生まれてきたのか経緯がわからず、つかみ所がありません。

■「ケルビン」の由来

　トムソンのアイデアは、「すべての分子の運動が停止する温度を、温度の原点にすべきだ」というものでした。この温度が、**絶対零度 0 K** です。したがって、ケルビンでは負の数を使うことはありません。

　旧定義の 0 K は、水蒸気、水、氷が平衡に共存する状態（**水の三重点**）の温度から設定されました。以前のケルビンは、水に依存していたのです。

　原点が決まれば、次は目盛です。トムソンは、ケルビンの温度間隔に、私たちが日常使っているセルシウス度 ［℃］ と同じ間隔を使うことにしました。つまり、1 K の温度差は 1 ℃の温度差とまったく同じです。

　ちなみに、絶対零度 0 K は **−273.15 ℃**であり、セルシウス温度の 0 ℃ は 273.15 K になります。

　最後に、注意をひとつ。ケルビンは温度の単位ですが、記号には「°」を付けません。

J

ジュール／joule

ジュールが実験に用いた羽根車。

物理学者ジュールは醸造業で得たお金を研究につぎ込んだ。

量	仕事、エネルギー、熱量、電力量
系	固有の名称を持つ SI 組立単位
定義	1 N（ニュートン）の力がその力の方向に物体を 1 m 動かすときの仕事
備考	1 J ＝ 1 Ws（ワット秒）

多様なエネルギーをまとめて表す単位
単位名の由来は仕事と熱の等価性に貢献したジュール

■ 仕事とは？

　荷物を持ち上げるとき、カラオケで大声を出して歌うとき、水を熱して温度を上げるとき、電流を流して電球を光らせるとき……、そんなときにはエネルギーが必要です。仕事やエネルギーの大小を表す単位が、ジュール［J］です。この名称は、「**ジュールの法則**」を発見したイギリスの物理学者**ジェームズ・プレスコット・ジュール**（1818 ～ 1889 年）に由来します。

　たとえば、床の上の荷物を持ち上げるという「仕事」を考えるとき、その荷物の重量が大きいほど、持ち上げる距離が長いほど「大変」だということは想像できますよね。「仕事」の大きさは、「力」と「距離」の積で求められます。

■ 1 ジュールはどれくらい？

　さて、1 J とはどれくらいの仕事（エネルギー）なのでしょうか？

　中学校の理科では、「約 100 g の物体にはたらく重力の大きさ」が1 N（ニュートン）の目安とされています。100 g といえば、小さめのリンゴくらい。これを 1 m 持ち上げるときの仕事（エネルギー）が 1 J です。

$$1 J ＝ 1 N × 1 m$$

　ジュール［J］は、［N・m］または［kg・m^2/s^2］に与えられた固有の名称です。

　重量が 2 倍になれば仕事の大きさも 2 倍、持ち上げる距離が 2 倍になれば仕事の大きさも 2 倍になります。

cal

カロリー／calorie

食べ物や運動などで消費する
エネルギーに使われている。

もともとは水の比熱を
もとに定義されていた。

量 熱、熱量　　**系** CGS 単位系、非 SI 単位

定義 4.184 J（計量法）

備考 「人若しくは動物が摂取する物の熱量又は代謝により
消費する熱量の計量」にかぎり使ってよい。（計量法）

ジュールと同じ熱量を表す単位　日本では食品のエネルギー等に限って使用

■ 天丼 1 杯のエネルギーは？

　ご飯 1 杯（140 g）は約 230 キロカロリー、6 枚切りの食パン 1 枚では約 170 キロカロリー、天丼 1 杯だと約 800 キロカロリー……、ダイエット中の方ならこの辺りの数値を覚えているかもしれませんね。

　数値が大きいほど、摂取されるエネルギー量が多いというのはわかります。しかし、天丼 1 杯で約 800 キロカロリーというのは、一体どれくらいのエネルギー量なのでしょうか？

　カロリー［cal］は「熱量」の単位です。ラテン語の **calor**（熱）に由来します。「1 g の水を 1 ℃ 上げるのに必要な熱量」、これが 1 cal の由来です。水と深い関連がある単位で、とてもわかりやすく、食品のエネルギー量を表す際によく使用されています。

■ カロリーとジュール

　熱量もエネルギーの一種ですから、本来はカロリーではなくジュール［J］を使って表すべきです。現在の 1 cal は、**4.184 J** と定義されています。また、日本の計量法では、［cal］の使用範囲について、「人もしくは動物が摂取する物の熱量、または、人もしくは動物が代謝により消費する熱量の計量以外には用いてはならない」と制限しています。

　さて、天丼の件ですが、800 カロリーではなく 800 キロカロリーですよ。

　つまり、これは、10 kg の水の温度を 80 ℃ 上げるエネルギーだということです。天丼 1 杯がですよ！　このことを知ると、天丼を食べるのをためらってしまいそうです。

103

W

ワット／watt

発明家ワットは
「馬力」の単位
を考案した。

身近には家電に消費電力
として表示されている。

家庭用コンセントは
1 箇所当たり 1500 W
まで使える。

量	仕事率、工率、電力
系	固有の名称を持つ SI 組立単位
定義	1 秒間に 1 ジュールの仕事率
備考	1 W = 1 J/s

単位時間当たりの仕事を表す単位
電化製品の消費電力を表す単位としておなじみ

■ 仕事率とは？

　ワット［W］は、仕事率の単位です。ですから、まず「**仕事率**」について知っておく必要があります。

　たとえば、荷物を一定の高さまで持ち上げるという「仕事」を考えましょう。この仕事を3秒で行うのと5秒で行うのとでは、仕事の効率が異なるわけです。両者を比べるために、「単位時間当たりの仕事」を使います。これが「仕事率」です。したがって、仕事率は、「仕事」を「時間」で割れば求められます。

　国際単位系 SI の仕事の単位はジュール［J］、時間の単位は［s］ですから、仕事率の単位はジュール毎秒［J/s］です。この単位にワット［W］という特別の名称と単位記号が与えられました。つまり、1秒間に1Jの仕事をするような効率（仕事率）が1Wです。

■ 電力の単位「ワット」

　ワットといえば、電化製品を思い浮かべる方が多いのではないでしょうか。ワットは「**電力**」の単位でもあります。

　たとえば白熱電球は、その明るさをワットを単位とする消費電力で表しています。「60Wの電球」というのは、1秒間に60Jのエネルギーを使って光っているのですね。このように、仕事率と電力はどちらも「単位時間当たりに、どれだけのエネルギーが使われているか」という意味で同じものです。

　さて、この「ワット」という名称ですが、これは、蒸気機関の改良で有名なイギリスの発明家**ジェームズ・ワット**（1736 ～ 1819 年）にちなんでいます。

No. 20 cd

カンデラ／candela

ラテン語の「ろうそく」に由来している。

目の感度は黄緑色の光でピークになる。

以前は白金の黒体放射から定義されていた。

トンネル Tunnel

点灯

量 光度　　**系** SI 基本単位

定義 周波数 540×10^{12} Hz の単色放射の視感効果度 K_{cd} を単位 $[\text{lm·W}^{-1}]$ で表したときの数値を 683 と定めることによって設定される光度

光の強さの度合いを表す単位
人間の目の感度が最大となる周波数が基準

■ 光度の単位「カンデラ」

　カンデラ［cd］は、国際単位系 SI の明るさ（光度）の単位で、7つ
ある基本単位のうちの1つです。その名称は、「(獣脂)ろうそく」とい
う意味のラテン語に由来しています。発音が「キャンドル」に似てます
よね。

　カンデラは、1948 年から使
われています。それまでは、各
国でさまざまな光度の単位が使
われていました。カンデラはイ
ギリスで標準的に使われていた
「燭」を引き継いだもので、1
カンデラはほぼ1燭、つまり、
昔の細いロウソク1本の明る
さだと思えばよいでしょう。

■ 光度の基準は？

　左ページのカンデラの定義は、2019 年5月からの新しい定義です。
しかし、これは、これまでの定義の表現が変わっただけで、実質的には
変更されていません。ここに登場する「540×10^{12} Hz」というのは、
人間の目の感度が最大となる周波数です。

　カンデラはあまり知られていない単位ですが、重要なところで使われ
ています。たとえば、自動車のヘッドライトの光度はカンデラを使って、
暗すぎないように明るすぎないように規制されています。また、灯台の
光度を表すときにも、カンデラが使われています。

B

ベル／ bel

音圧などが「デシ
ベル」で表される。

騒音レベルを表す
のにも「デシベル」
が使われている。

グラハム・ベルは実
用電話を発明した。

量 比の常用対数

系 固有の名称を持つ SI 併用単位

定義 基準量 *A* に対する *B* の比が 10^x であるとき、これを *x*
ベルとする量

備考 音圧レベルの単位として用いる場合は、20 μPa を基
準音圧とする。

音の大きさを表すほか
さまざまな比較を対数を用いて表す単位

■ 10倍の差が20デシベル

デシベル［dB］は、音の大きさを表す単位だと思われているかもしれません。確かに「音の大きさ（音圧）」を表すときにも使われますが、電気、振動などの分野でも使われています。

デシベルは、2つの量を比較してそれが何倍違うかを、**対数**という仕組みを使って表しています。

たとえば、私の所持金が1,000円で、みなさんの所持金が10,000円のとき、みなさんは私の10倍のお金を持っています。このことを、20 dBと表します。デシベルでは、10倍の違いを20 dBと表す仕組みになっています。

デシベルは、ベル［B］という単位に10分の1を表す接頭辞「デシ d」を付けたものです。［B］を使うと、日常的によく使う範囲の数値が小数になり不便なので、［dB］がよく使われています。

単位の名称は、電話の特許を世界で最初に取得したイギリスの発明家**アレクサンダー・グラハム・ベル**（1847 ～ 1922年）にちなんでいます。音の大きさを「ベル」で表すなんて、なんだかぴったりですね。

■ デシベルの基準は？

デシベルは「10倍の違いを20 dBと表す」というだけですから、デシベルを相対的に使う（違いを表す）ことはできても、デシベルで絶対的な値を表すことはできません。しかし、基準となる0 dBをきちんと決めておけば、それが可能になります。

音の大きさ（音圧）をデシベルで表すときには、人間の耳で聞こえる最小の音圧を基準とし、0 dBとしています。したがって、0 dBというのは決して「音がない状態」ではありません。

No. 22 Hz

ヘルツ／ hertz

テレビ・ラジオ放送
でいろいろな周波数
が利用されている。

身近には音波など
の周波数を表すの
に使われている。

周期現象を測定する
と波形グラフを描く。

量	周波数、振動数
系	固有の名称を持つ SI 組立単位
定義	1 秒間に 1 回の周波数、振動数
備考	$1\,\mathrm{Hz} = 1\,\mathrm{s}^{-1}$

1秒間に繰り返す回数を表す単位
周期現象であれば何にでも使える幅広さ

■ 1秒間に何回？

　ブランコが揺れていたり、水車が回転していたり、一定の時間間隔で繰り返し同じ状態が現れる現象を「**周期現象**」、単位時間に繰り返される回数を「**周波数**」といいます。

　そして、周波数の単位が、ヘルツ [Hz] です。1秒間に何回繰り返されるかを示します。単位名は、ドイツの物理学者**ハインリヒ・ヘルツ**（1857 〜 1894 年）に由来します。

■ 音と周波数

　音は波の一種ですから、周期現象です。たとえば、一般的な音叉の音「A4」の周波数は 440 Hz です。つまり、この音叉は、1秒間に 440 回振動するということです。また、NHK の時報「プ・プ・プ・ポーン」という音の周波数は、それぞれ 440 Hz、440 Hz、440 Hz、880 Hz です。

いろいろな周波数

　　人間に聞こえる音 ・・・・・・ 20 Hz 〜 20 000 Hz

　　スズムシの鳴き声 ・・・・・・ 4500 Hz

　　AM 放送 ・・・・・・・・・・・・・ 535 kHz 〜 1605 kHz

　　　※ラジオ局の周波数は 9 kHz の間隔が空けられている。

　　長短波（VHF）・・・・・・・ 30 MHz 〜 300 MHz

　　　※テレビ放送や FM 放送などに利用されている。

	超低周波音		人間の可聴域 （20〜20 000 Hz）		超音波
		低周波音			

1 Hz　　10 Hz　　　100 Hz　　　1000 Hz　　10 000 Hz　　100 000 Hz　　周波数

mol

モル／mole

化学の分野で最も重要な単位。

以前は 12 g の炭素 12 の原子数から定義されていた。

CO_2

H_2O

NH_3

C_2H_5OH

量 物質量　**系** SI 基本単位

定義 $6.022\ 140\ 76 \times 10^{23}$（アボガドロ定数 N_A）の要素粒子または要素粒子の集合体で構成された系の物質量

由来 名称は、「分子」を意味する molecule に由来する。

原子や分子の個数を表す特殊な単位 化学の分野ではとても重要

■ 7番目の SI 基本単位

モル［mol］は、高校の化学で学習しますが、普段の生活で目にすることが少なく、正体不明に感じている人が多いのではないでしょうか。

物体の「量」を表すときには、3つの方法が考えられます。体積、質量、そして「個数」です。1971年、SI 基本単位の中で最後に登場したモル［mol］は、個数（**物質量**）を表す単位です。

化学の世界では、体積や質量よりも、原子や分子の個数が大切になる場合が多くあります。たとえば、水素原子 H と酸素原子 O から水分子 H_2O を作る場合には、酸素原子1個に対して水素原子2個が必要になります。この関係は、それぞれの原子の個数の関係なのです。

旧定義での1 mol の個数は、「12 g の炭素12の中に存在する原子の数」でした。これは、約 **6.02×10^{23}** 個です。これだけの膨大な個数を、ひとまとめにして1 mol とするわけです。この数は、「**アボガドロ定数**」と呼ばれています。この名称は、イタリアの科学者**アメデオ・アボガドロ**（1776 ～ 1856 年）に由来します。

■「モル」は単位か？

近年、アボガドロ定数の測定精度が飛躍的に向上しました。そこで、2019年5月の新定義では、アボガドロ定数そのものから1 mol を定義することになりました。つまり、モルの定義の中に、質量も炭素も登場しなくなったわけです。

さて、始めに説明したように、モルは「個数」を表しています。個数を表すときに単位は必要ない（P.9）ので、モルを単位、しかも基本単位にするのには多くの異論がありました。しかし、化学の分野におけるモルの重要性から、最終的に基本単位とされました。

pH

リトマス紙は酸性かアルカリ性かを判定できる。

指示薬や試験紙の色の変化で測定できる。

量	溶液の液性（酸性・アルカリ性の程度）
定義	［mol/L］で表した水素イオンの濃度の値に活性度係数を乗じた値の逆数の常用対数
備考	物質の酸性、アルカリ性の度合いを示す。

水溶液の性質を示す単位
イオンの濃度で酸性なのかアルカリ性なのかを判別

酸性とアルカリ性

　青いリトマス紙が赤くなれば酸性、赤いリトマス紙が青くなればアルカリ性です。酸性、アルカリ性の度合いは、水素イオン指数 pH を使って表します。pH が 7 だと中性。pH が 7 より小さいと酸性、7 より大きいとアルカリ性です。数値が 7 から遠ざかるほど、酸性・アルカリ性が強いことを意味しています。

　pH は、水溶液中の水素イオン濃度を使って、酸性、アルカリ性の度合いを表すというものです。1909 年、デンマークの生化学者**セーレン・セーレンセン**（1868 ～ 1939 年）によって考案されました。「pH」の H は、水素の元素記号の H です。

pH の求め方

　水素イオン指数を求めるには、まず 1 L の水溶液中に含まれる水素イオンの個数をモル［mol］を使って 10 の累乗の形で表します。たとえば、1 L 中に 0.01 mol の水素イオンがある場合は、10^{-2} mol/L です。このときの指数（−2）から負の符号を取り除いた数値が「**水素イオン指数**」です。

　この場合、pH は 2。胃液中の消化酵素ペプシンの pH がこれくらいで、かなり強い酸性です。ちなみに、人間の血液の pH は、**7.3 ～ 7.4**くらいです。

酸性					中性					アルカリ性				
0	1	2	3	4	5	6	7	8	9	10	11	12	13	14
薄い硫酸		胃液	クエン酸	食酢	ワイン	酸性雨	雨水	純粋な水	海水		石けん水	石灰水	洗剤		苛性ソーダ

No. 25 %

パーセント
／percent

百分率を示す。

円グラフで表さ
れることが多い。

身近にはアルコー
ル度数や降水確率
で使われている。

| 量 | 分率 | 系 | 非 SI 単位（比率量なので、無次元量） |

定義　ある数または量が全体のうちの、100 分のいくつに当
たるかを表す比率量。百分率。

全体を 100 とした場合に占める割合を表す単位 何を基準にするのかを示すことが必要！

■ 100 に対していくつ？

　以前、『世界がもし 100 人の村だったら』という本が大変話題になりました。全体を 100 とすると、物事がイメージしやすくなるわけです。

　パーセント（percent）には、「**100 に対して**」という意味があります（cent は 100 の意）。これは、全体を 100 として考えようということです（**百分率**）。ある数量全体を 100 等分し、そのうちのいくつ分に当たるのかを示すのが、割合の単位パーセント［%］です。

　1 % とは 100 のうちの 1 つ分を表しますから、同じ意味を 0.01 や100 分の 1 と表すことも可能です。しかし、1 % とすれば表記が簡単ですし、また、割合を表しているということもわかります。

■ 3 % の食塩水とは？

　パーセントは、他の単位とは性格が異なるところがあります。たとえば、30 m と聞けば何かの長さだろうと想像できます。しかし、単に「30 %」といわれても何を表しているのかわかりません。「○○の30 %」のように、何を基準にするのかを一緒に示しておく必要があります。

　ただし、基準の表記が省略されている場合もあります。お店の商品に「25 % オフ」のタグが付いていれば、それは値札の価格から25 % 分だけ安くなるという意味です。また、「3 % の食塩水」という場合は、基準にしているのは食塩水全体の質量で、そのうちの3 % が食塩だということです。水 100 に対して、食塩が 3 なのではありませんよ。

Bq

ベクレル／ becquerel

放射線にはアルファ線やベータ線などがある。

放射線を測定するガイガーカウンター。

X 線も放射線の一種で、発見者はレントゲン。

放射線は霧箱で観察できる。

量 放射能、壊変率

系 固有の名称を持つ SI 組立単位

定義 放射性核種の壊変数が 1 秒間に 1 であるときの放射能または壊変率

放射能の強さを表す単位
古い「キュリー」から新しい「ベクレル」へ

■ 放射線と放射能

　2011 年の東北地方太平洋沖地震による原子力発電所の事故以降、放射能や放射線に関する単位をよく耳にするようになりました。しかし、このような単位については、学習する機会があまりありません。まずは、放射線と放射能の違いを理解しましょう。

　元素の中にはラジウムやセシウムなど、原子核の構成が不安定なものがあります。このような原子核は、放射線を出すことで安定な原子核に変化します。これを「**放射性崩壊**」といいます。放射線を出す能力が「**放射能**」で、放射能を持つ物質が「**放射性物質**」です。

　強い放射線は人体に悪影響を及ぼすことがあり、場合によっては死に至ることがあるので、問題視されているわけです。

■ 放射能の単位は？

　ベクレル［Bq］は、放射能の量を表す単位です。1975 年までは、キュリー［Ci］が使われていました。

　1 Bq は、放射性物質が 1 秒につき 1 個崩壊する放射能です。単位の名称は、ウランの放射線を発見したフランスの物理学者**アンリ・ベクレル**（1852 ～ 1908 年）にちなんでいます。

　食品に含まれる放射性物質については、厚生労働省で基準値を定め、基準値を上回る食品の規制を行っています。基準値に使われる単位は、［Bq/kg］です。これは、食品 1 kg 当たりの放射能を示しています。

au

天文単位
astoronomical unit

地球－太陽間
の平均距離に
由来している。

主に天文分野で
使われている。

太陽系の距離を表す
のに便利。

量 長さ **系** SI 併用単位

定義 正確に 149 597 870 700 m

由来 地球と太陽の間の平均距離

地球から太陽までの平均距離が基準 太陽系内の距離を表すのに便利

■ 天文学的な距離を表すときには？

　札幌と大阪の距離は約 1060 km、地球の 1 周は約 40 075 km です。これくらいの桁数ならまだよいのですが、太陽と海王星との平均距離は、およそ 45 億 km。律儀に書くと 10 桁にもなります。これを約 4.5 Tm（テラメートル）と表す方法もあるのですが、これだけ大きな数値になると想像しづらいというのが実感です。

　そこで、天文学の分野では、**地球－太陽間の平均距離**に由来する、天文単位［au］が使われることがあります。

　天文単位は国際単位系 SI の単位ではありませんが、併用が認められています。1 au は、正確に 149 597 870 700 m です。天文単位を使えば、太陽－海王星間の距離はおよそ 30 au と表せます。とても扱いやすい大きさの数値になりましたね！

■ 地球上の長さを用いずに表す !?

　科学の発達によって、地球－太陽間の具体的な距離を求められるようになったのは最近の話です。しかし、その長さがわからなかった時代でも、「太陽－地球間の○倍」という形で他の天体との距離を表すことができていたのです。地球上の長さの単位を用いずに距離を表せるのですから、画期的なアイデアだったと思われます。

　ただし、太陽系外の天体までの距離を天文単位で表そうとすると、桁数が大きくなり、扱いづらくなってしまいます。

Å

オングストローム／angstrom

北欧の物理学者に
ちなんだ北欧文字。

太陽のスペクトル
線の波長を表すた
めに考えられた。

非常に小さい
長さを表す。

$$10^{-10} m$$

量　長さ　　系　メートル法、非 SI 単位

定義　1 m の 100 億分の 1

記号に北欧文字を使った特徴的な単位
微細なものの長さを表すのに便利

■ 波長を表すための単位

「天文単位」は、地球－太陽間という長い距離に由来する単位でした。次に紹介するのは、とても短い長さを表す単位です。なんと、1 m の100 億分の 1。しかし、この単位も天文分野で使用されています。

　その単位は、オングストローム［Å］です。A の上に小さな○がくっついている、見た目になんともかわいい単位記号です。

　スウェーデンの物理学者**アンデルス・オングストローム**（1814 ～ 1874年）が、太陽のスペクトル線の波長（の長さ）を表すために、10^{-10} m を単位としたのが始まりです。

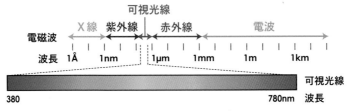

虹の紫の光の波長……4000 Å ぐらい
虹の緑の光の波長……5000 Å ぐらい
虹の赤の光の波長……7000 Å ぐらい

■ 小さな○を忘れずに！

　オングストロームは、国際単位系 SI の単位ではありません。使用する際には、対応する SI 単位を明示しておく必要があります。ナノメートル［nm］かピコメートル［pm］あたりがよいと思います（「ナノ n」は 10^{-9}、「ピコ p」は 10^{-12} を表す接頭辞）。

$$1 \text{ Å} = 10^{-10} \text{ m} = 0.1 \text{ nm} = 100 \text{ pm}$$

　［Å］を使うときには、小さな○を乗せるのを忘れないようにしましょう。そうでないと、アンペア［A］になってしまいます。

情報量は二進数
で表されている。

コンピュータ
で処理する情
報の最小単位。

1100101 11100 1110100

（量）情報量　（系）非 SI 単位

（定義）2 進数 1 桁で表される情報量

（備考）bit は、英語の binary digit（二進数字）の略

124

情報科学を支える情報量の単位
8 ビットをひとまとめにして 1 バイト

■ どちらにするか？

　人生は選択の連続です。右か左か、賛成か反対か、チキンかフィッシュか……。

　コンピュータでは、**二進法**という数の表し方が使われています。二進法で使われる数字は、**1** と **0** だけ。1 と 0 によって区別される、情報の最小単位がビット（bit）（単位記号 [b] [bit]）です。

　1 ビットというのは、スイッチが 1 つある状態をイメージするとよいでしょう。スイッチが 1 つあれば、オンにするかオフにするかで、1 と 0 を表すことができます。

■ スイッチが 8 個あれば？

　では、2 ビットなら何通りの表現があるでしょうか？

　この場合は、2 つのスイッチをイメージすればよいわけで、00、01、10、11 の 4 通りの状態を表現できます。これだと、「春・夏・秋・冬」くらいなら区別できます。

　8 ビットなら $2^8 = 256$ （通り）。

　これだけあると、アルファベットの大文字、小文字、数字、記号などに対応させられます。そこで、8 ビットをひとまとめにして、1 バイト [B] [Byte] と呼んでいます。ただし、正式にこのように定義されたのは、かなり最近（2008 年）のことです。

　バイト [B] は、16 ギガバイト [GB] の USB メモリ、2 テラバイト [TB] のハードディスクなど、記憶容量の単位としても使われています。

　（**注意**）コンピュータの分野では、キロ k、メガ M、ギガ G、テラ T などの接頭辞を、それぞれ 2^{10} （ = 1024）倍、2^{20} 倍、2^{30} 倍、2^{40} 倍の意味で使うことがあります。

M

マグニチュード
／ magnitude

ナマズは地震を
予知すると信じ
られていた。

地震計で観測した地面
の動きから計測される。

量 地震のエネルギー規模を表す指標値

系 便宜的なもので単位とは言いがたい。

備考 複数の算出方法があり、いずれも常用対数が使われて
いる。地震の規模が1000倍になると、マグニチュー
ドは2大きくなる。

地震のエネルギー規模を表す単位 いくつもの算出方法があり 震度との区別も大切

■ マグニチュードとは？

　ある程度の規模以上の地震が発生すると、テレビやラジオで震度とマグニチュードの両方が伝えられます。

　地震による揺れの大きさを表す「震度」は、震源地からの距離や地盤の固さなどの要因で、観測する地点によって大きく異なります。一方、地震のエネルギー規模を表す「マグニチュード」は、1つの地震に対して1つの値しかありません。

　マグニチュードを最初に考案したのは、アメリカの地震学者**チャールズ・リヒター**（1900〜1985年）です。彼のアイデアは、震央（震源の真上の地表）から100km離れたところに設置した地震計が記録した最大振幅をマイクロメートル［μm］の単位で表し、その数値の**常用対数**を使って指標とするというものでした。現在、マグニチュードの算出方法には、いくつもの種類があります。報道では、**気象庁マグニチュード**（Mj）や**モーメントマグニチュード**（Mw）がよく使われています。

■ マグニチュードが1大きいと？

　マグニチュードを使う上で注意しなければならないのは、「対数」という仕組みが使われていることです。地震のエネルギー規模が約32倍になると、マグニチュードの値が1大きくなるという関係があります。

　2011年の東北地方太平洋沖

震度にかかわらず M 4.5

地震の規模はMw9.0で、日本観測史上最大の規模の地震でした。

単位を書くときに注意すること（その2）

　細かいことばかり言っていると単位が嫌われてしまいそうで怖いのですが、大きな失敗につながらないように、ぜひ気をつけてほしいことがあります。

小文字と大文字に気をつける！

　m と M では意味が異なります。小文字の m は「メートル」、大文字の M は 100 万倍を表す接頭辞「メガ」です。

> （例）　× 50 Kg　　　○ 50 kg
> 　　　　× 70 HZ　　　○ 70 Hz

人名に由来する単位は大文字で始める！

　アンペア［A］やニュートン［N］、パスカル［Pa］など、人名に由来する単位は、大文字で始めなければなりません。

> （例）「50 パスカル」と表したいときは……
> 　　　　× 50 pa　　　○ 50 Pa

接頭辞は2つ重ねて使わない！

　キロ（k）は 1000 倍を表す接頭辞です。だからといって、100 万倍を表すときに「キロキロ（kk）」という使い方は許されません。「キロキログラム」や「ミリミリリットル」なんてのは、ダメなのですね。

> （例）　× 1 kkg　　　○ 1 Mg あるいは 1 t
> 　　　　　　　　　　　　　メガグラム　　　　　トン
> 　　　　× 1 mmL　　　○ 1 μL
> 　　　　　　　　　　　マイクロリットル

第 **5** 章

熱と温度、仕事率の単位たち

温度の単位たち
セルシウス度（摂氏度）、ファーレンハイト度（華氏度）

■ セルシウス度とは？

　国際単位系 SI の温度の基本単位は、ケルビン［K］です。しかし、私たちの日常生活では、この単位をほとんど使っていません。圧倒的な使用頻度を誇るのは、ご存じセルシウス度（摂氏度）の単位［℃］です。

> **℃**
> セルシウス度（摂氏度）
> ／ degree Celsius
> 量：温度
> 系：固有の名称を持つ SI 組立単位
> 定義：ケルビンで表される熱力学温度の値から 273.15 を減じたもの
> 由来：水の凝固点を 0 度、沸点を 100 度とする温度

「セルシウス」というのは、人名です。この温度単位を考案したスウェーデンの天文学者**アンデルス・セルシウス**（1701 ～ 1744 年）のことです。［℃］の中の C は、もちろん、Celsius の頭文字です。

　よく知られているように、セルシウス度の 0 度は水の凝固点、100 度は水の沸点にそれぞれ由来します。ところが、1742 年のセルシウスの最初の定義は全く逆で、凝固点を 100 ℃、沸点を 0 ℃ とする設定でした。彼の死後に、現在の形に改められたのです。

　セルシウス度とケルビンの温度目盛りの間隔は全く同じです。セルシウス度は、ケルビンで表された温度から 273.15 を引いて、スライドさせただけのものです。

■ ファーレンハイト度が先だった！

　セルシウス度は世界中の多くの国々で使われていますが、アメリカやジャマイカでは一般にファーレンハイト度（華氏度）［℉］が使用されています。単位記号［℉］の F は、ドイツの物理学者**ガブリエル・ファーレンハイト**（1686 ～ 1736 年）の頭文字です。

　彼は、水銀を用いた温度計を発明しました。また、その温度計を使っ

て、さまざまな液体に固有の沸点があること、その沸点が大気圧によって変化することを発見しました。これは、大発見です。

さらに、1724年、水の凝固点を32度、沸点を212度（凝固点と沸点の間を180等分）とする温度の表し方を提唱します。つまり、ファーレンハ

<table>
<tr><td>**°F**</td><td>ファーレンハイト度（華氏度）／
degree Fahrenheit
量：温度
系：非SI単位
定義：ケルビンで表される熱力学温度の値の1.8倍から459.67度を減じたもの（計量単位令）
由来：水の凝固点を32度、沸点を212度とする温度</td></tr>
</table>

イト度の誕生は、セルシウス度の誕生より18年も早いのです。もっと言えば、セルシウス度は、華氏度の恩恵を受けて考案されたわけです。現在では、摂氏度も華氏度もケルビン［K］を使って定義されています。ただし、［°F］は非SI単位です。

🌡 100 ℃ と 100 °F

さて、100℃といえば水が沸騰する温度ですが、では100°Fはどれくらいの温度でしょうか？

これは、下の変換式（左側）に当てはめて計算すればわかります。およそ38℃くらい。体温だと少し高め、お風呂だと少しぬるいくらいの温度ですね。

摂氏温度 C と華氏温度 F の関係

$$C = \frac{5}{9}(F - 32) \qquad F = \frac{9}{5}C + 32$$

最後に、ちょっと豆知識を。「摂氏度」の「摂」は、セルシウスの中国語音訳「摂爾修」の頭文字です。同様に、「華氏」の「華」は、ファーレンハイト「華倫海」の頭文字です。また、「氏」とは、人の名前に付ける接尾辞、「〜さん」のようなものです。

エネルギーの単位
ジュールとカロリーの関係

■ カロリーの何がそんなにいけないの？

　カロリー［cal］は、「熱量」の大小を表すときに使われます。しかし、熱量はエネルギー量の一種ですから、本来ならジュール［J］を使って表すべきだと述べました（p.103）。ジュールは国際単位系 SI の基本単位から組み立てられた単位ですが、カロリーはそうではありません。カロリーが表舞台に立てないのは、当然のことです。

　しかし、カロリーは、私たちがこれだけ愛用している単位なのです。せめて SI 併用単位の仲間に入れてもよさそうなものですが、それすら認められていません。キロワット時［kWh］もエネルギーの単位ですが、こちらは SI 併用単位の一員なのです。一体、カロリーの何がそんなにいけないのでしょう？

■ いろいろな顔を持つカロリー

　1 g の水を 1 ℃ 上げるのに必要な熱量——これが 1 cal の由来でした。ところが、実は、水はその温度によって比熱が異なるのです。つまり、15 ℃ の水を 1 ℃ 上げるのと、20 ℃ の水を 1 ℃ 上げるのとでは、ほんの少しですが、それに必要なエネルギー量が異なるのです。

　したがって、過去にはさまざまな顔を持つ「カロリー」が存在していました。もうこうなってくると、「カロリーは単位である」というのも怪しくなってきました。以下は、そのいくつかの例です。

　　　　15 度カロリー　1 cal_{15} ≒ 4.1855 J
　　　　平均カロリー　1 cal_{mean} ≒ 4.190 02 J
　　　　熱化学カロリー　1 cal_{th} ≒ 4.184 J　（「≒」は「ほぼ等しい」の意味）

「15 度カロリー」は、14.5 ℃ の水を 15.5 ℃ まで上昇させるのに必要な熱量のことです。同様に、19.5 ℃ の水を 20.5 ℃ まで上昇させるの

に必要な熱量から定義されるカロリーだって存在するわけです。

「平均カロリー」というのは、0 ℃の水 1 g を 100 ℃まで上げるのに必要な熱量の 100 分の 1 を 1 カロリーとするものです。

1999 年 10 月以降の日本では、「**熱化学カロリー（定義カロリー）**」を使用しています。熱化学カロリーの 1 cal は、ジュー

> **カロリーの定義**
> 1 cal = 4.184 J

ルを使って定義されています。1 cal = 4.184 J。約 4.2 J だと覚えておけばよいでしょう。この関係から計算すると、**1 J ≒ 0.24 cal** ということになります。

🖥 カレーライスは 90 万カロリー !!

右下のイラストを見てください。どれも単位はキロカロリー［kcal］です。これを［cal］で表すと、桁数が多くなり大変です。カレーライスの 900 kcal というのは、900 カロリーではなく 90 万カロリーのことですよ！

栄養学では、［kcal］の代わりに［Cal］という単位を使っていたこ

とがあります。よく見ると、C が大文字です。これで単に「カロリー」と言っていました。［Cal］を使えばいちいち「キロ k」を付けなくてよいので、そういう点では便利です。し

かし、［cal］と［Cal］は非常に紛らわしいので、今では［kcal］が使われるのが普通です。

あと 10 年もすれば、コンビニで売られているとんかつ弁当のエネルギー量が、ジュールで表示されているかもしれませんね。

仕事率の単位たち
ワットと馬力

🔲 ワットの時代に［W］はなかった

　仕事率や電力の単位ワット［W］の単位名は、イギリスの発明家**ジェームズ・ワット**（1736〜1819年）に由来します（p.105）。

　仕事率の単位に［W］が採用されたのは1889年の英国学術協会総会でのことなので、ワットが活躍していた頃には［W］という単位はまだ存在していません。また、［W］が国際単位系SIの単位に採用されたのは、1960年のことです。まずは、ここまで確認しておきます。

　さて、ワットの最大の業績は、**蒸気機関の改良**です。蒸気機関を発明したのではなく、改良したのです。

　現在でもそうですが、新製品が発売されるときには旧製品との能力の比較が行われ、性能アップを大きくアピールします。蒸気機関が発明された頃は、その能力を「馬○頭分」のように馬の能力（**馬力**）を使って表すことが行われていました。

🔲 英馬力［HP］はワットの発明！

　ところが、当時、馬力の定義はいくつもあり、一定していない状況でした。そこでワットは、馬力をきちんと定義することに取りかかりました。その上で、自分が改良した蒸気機関の性能を、数値を使って正確に伝えようとしたのです。

HP	英馬力／horse power
	量：仕事率、工率
	系：ヤード・ポンド法
	定義：550 lbf・ft/s
	備考：標準的な荷役馬1頭の仕事率。約745.7 W

彼は実際に馬に荷物を引かせ、その仕事率から「1 馬力」を算出しました。具体的には、「1 秒間当たりに 550 重量ポンドの重量を 1 フィート動かすときの仕事率」、これが 1 馬力（英馬力）です。単位記号は、「horse power」の頭文字から［HP］が使われます。1 HP を［W］を使って表すと、およそ 745.7 W です。

■ 鉄腕アトムの 10 万馬力は仏馬力

　英馬力の定義にポンドやフィートが登場していることからも、英馬力はヤード・ポンド法の単位だということがわかります。これとは別に、メートル法を用いた仏馬力［PS］もあります。

| **PS** | 仏馬力／ Pferdestarke
量：仕事率、工率
系：メートル法
定義：75 kgf・m/s
備考：735.5 W（正確に、日本） |

　英馬力と仏馬力は、等しくありません。1 PS = 735.5 W なので、少しだけ仏馬力のほうが小さいのです。英馬力も仏馬力も SI 単位ではありませんが、日本の計量法では、仏馬力の使用を特殊用途に限って認めています。

　ちなみに、人間の「馬力」は 0.2 〜 0.3 馬力、新幹線（N700 系電車 16 両編成）は 23 000 馬力くらいです。「鉄腕アトム」は 10 万馬力という設定ですから、新幹線の 4 倍以上の馬力があるのですね。

電化製品の「馬力」
100 W のノートパソコン ‥‥‥‥ 約 0.14 馬力
400 W の洗濯機 ‥‥‥‥‥‥‥‥ 約 0.5 馬力
800 W のホットカーペット ‥‥‥ 約 1.1 馬力
1000 W のドライヤー ‥‥‥‥‥ 約 1.4 馬力
1500 W の電子レンジ ‥‥‥‥‥ 約 2.0 馬力
2500 W のエアコン ‥‥‥‥‥‥ 約 3.4 馬力

人名に由来する単位たち
ユカワ、藤田スケール

人名に由来する SI 単位

　この章では、セルシウス度、ジュール、ワットなどの人名に由来する単位がたくさん登場しました。SI 単位には、人名由来のものが全部で19 個あります。由来となった人物の誕生年順に、一挙に紹介します。

単位名	記号	量	人物名
パスカル	Pa	圧力	ブレーズ・パスカル
ニュートン	N	力	アイザック・ニュートン
セルシウス度（摂氏）	℃	温度	アンデルス・セルシウス
ワット	W	仕事率	ジェームズ・ワット
クーロン	C	電荷	シャルル・ド・クーロン
ボルト	V	電位、起電力	アレッサンドロ・ボルタ
アンペア	A	電流	アンドレ＝マリ・アンペール
オーム	Ω	電気抵抗	ゲオルク・オーム
ファラド	F	静電容量	マイケル・ファラデー
ヘンリー	H	インダクタンス	ジョセフ・ヘンリー
ウェーバ	Wb	磁束	ヴィルヘルム・ヴェーバー
ジーメンス	S	電気伝導率	ヴェルナー・フォン・ジーメンス
ジュール	J	エネルギー、仕事、熱量	ジェームズ・プレスコット・ジュール
ケルビン	K	温度	ケルヴィン卿
ベクレル	Bq	放射能	アンリ・ベクレル
ヘルツ	Hz	周波数	ハインリヒ・ヘルツ
テスラ	T	磁束密度	ニコラ・テスラ
シーベルト	Sv	線量当量	ロルフ・マキシミリアン・シーベルト
グレイ	Gy	吸収線量	ルイス・ハロルド・グレイ

長さの単位「ユカワ」

　SI 単位ではありませんが、**ユカワ**［Y］という人名に由来する単位があります。もちろん、日本で最初のノーベル賞受賞者である湯川秀樹

（1907 〜 1981 年）にちなんでいます。

　ユカワは主に原子物理学で使われていた長さの単位で、1 Ｙ は
10^{-15} ｍ です。つまり、1 ｍ の千兆分の 1 の長さです。SI 単位ではない
ので、現在では**フェムトメートル**［**fm**］を使います。「**フェムト f**」は、
千兆分の 1 を表す接頭辞です。

■ 竜巻の強さを示す「藤田スケール」

　単位ではありませんが、竜巻（トルネード）を強度別に分類する等級
に、「**藤田スケール（F スケール）**」があります。この名称は、これを考
案した藤田哲也（1920 〜 1998 年）に由来します。

　気象庁では、2007 年 4 月から藤田スケールを気象用語に追加しまし
た。また、2016 年 4 月からは、日本の建築物等の被害に合わせて改良
した「**日本版改良藤田スケール（JEF スケール）**」を使っています。

JEF スケールにおける階級と風速の関係
（気象庁リーフレット「気象庁の突風調査 〜現象の解明に向けて〜」より）

階級	風速の範囲 （3 秒平均）	主な被害の状況（参考）
JEF0	25 〜 38 m/s	・物置が横転する。　　　・自動販売機が横転する。 ・樹木の枝が折れる。
JEF1	39 〜 52 m/s	・木造の住宅の粘土瓦が比較的広い範囲で浮き上がったり 　はく離する。 ・軽自動車や普通自動車が横転する。 ・針葉樹の幹が折損する。
JEF2	53 〜 66 m/s	・木造の住宅において、小屋組（屋根の骨組み）が損壊し 　たり飛散する。 ・ワンボックスの普通自動車や大型自動車が横転する。 ・鉄筋コンクリート製の電柱が折損する。 ・墓石が転倒する。　　　・広葉樹の幹が折損する。
JEF3	67 〜 80 m/s	・木造の住宅が倒壊する。 ・アスファルトがはく離したり飛散する。
JEF4	81 〜 94 m/s	・工場や倉庫の大規模な庇の屋根ふき材がはく離したり脱 　落する。
JEF5	95 m/s 〜	・低層鉄骨系プレハブ住宅が著しく変形したり倒壊する。

身長と体重の関係について

ボディマス指数

　体重が増えないようにと、摂取カロリー［cal］を気にされている方は多いと思います。しかし、身長は人それぞれ異なるのですから、太っているか太っていないかは、身長と体重の関係で決められるべきです。

　身長と体重の関係を表す数値の１つに、**BMI（ボディマス指数 Body Mass Index）** があります。BMI は、次のような計算で求められます。

$$BMI = \frac{体重[kg]}{身長[m] \times 身長[m]}$$

　この式からわかるように、BMI の単位は $[kg/m^2]$ です。これは、「単位面積当たりの質量（面密度）」を求めていることになります。

身長は[cm]じゃなくて[m]で計算してね！

損な役回りだ…

どれくらいの体重がよいの？

　では、どれくらいの体重を目指せばよいのでしょうか？

　日本肥満学会では、統計的に最も病気にかかりにくいとされる、BMI が 22 のときの体重を「標準」としています。また、18.5 未満の場合を「低体重」、25 以上の場合を「肥満」としています。

低体重（痩せ）18.5 未満	普通体重 18.5 〜 25 未満	肥満 25 以上

　さらに、厚生労働省では、年齢の違いによって目標とする BMI を示しています。

　ちなみに、ドラえもんの体重は 129.3 kg、身長は 1.293 m という設定なので、BMI は 77.3 です。ただし、ドラえもんはネコ型ロボットですので、人間の基準をそのまま当てはめることはできません。

年齢	目標とする BMI
18 〜 49	18.5 〜 24.9
50 〜 69	20 〜 24.9
70 以上	21.5 〜 24.9

第**6**章

明るさ、視力、音の 単位たち

明るさを表す単位たち
ルーメン、ルクス

光束とは？

　小さな子どもは、太陽からの光を「光線」として描くことがあります。あれなら、光線の本数を数えることができます。しかし、実際にはそんなことはできません。そこで、光線を「束」として考えることにします。これが、「光束」のイメージです。

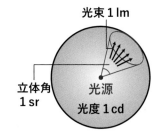

> **lm**
> ルーメン／lumen
> 量：光束
> 系：固有の名称を持つ SI 組立単位
> 定義：1 cd（カンデラ）の光源から 1 sr（ステラジアン）内に放射される光束

　国際単位系 SI の光束の単位が、ルーメン[lm]です。ラテン語で「昼光」という意味です。1 ルーメンは、1 カンデラの光源から出ているある一定の範囲内（1 ステラジアン、p.85）にある光束です。当然、光源が明るいほど、光束の値は大きくなります。

光束 1 lm

立体角 1 sr

光源 光度 1 cd

「ワット」と「ルーメン」

　ルーメンなんて単位は見たことがない——と思うかもしれませんが、LED 電球の箱を見れば表示されていますよ。

　白熱電球の明るさを表すときに、ワット[W]が使われていました。ところが、ワットは仕事率や電力の単位であって、明るさの単位ではありません。消費電力を、明るさの「目安」として使っていたのです。また、LED 電球は白熱電球に比べて消費電力が低いので、明るさをワットで比べることができないのです。そこで、LED 電球ではルーメンを使って明るさを表示しています。

　しかし、それでは、以前の白熱電球との比較が難しいので、LED 電球

の箱には「60W 形相当」「60 形相当」などと併記されているはずです。白熱電球から LED 電球の移行期では、消費者がルーメンでの表示に慣れていないので、どちらかというと「○○形相当」の表示のほうが大きいかもしれません。

必要ルーメン（以上）	170 lm	325 lm	485 lm	640 lm	810 lm	1160 lm	1520 lm
相当電球	20 W 形	30 W 形	40 W 形	50 W 形	60 W 形	80 W 形	100 W 形

※ルーメンの値は、すべての方向へ放射される光束（全光束）

照度とは？

　車のヘッドライトと懐中電灯は、どちらが明るいか？

　それはもう、圧倒的にヘッドライトでしょう。しかし、1 km 先の車のヘッドライトでは、新聞は読めません。一方、懐中電灯が手元にあれば、新聞を

> **lx**
> ルクス／ lux
> 量：照度
> 系：固有の名称を持つ SI 組立単位
> 定義：1 m² の面が 1 lm（ルーメン）の光束で一様に照らされるときの照度

読むくらいの明るさなら十分です。光源までの距離の長短で、私たちが感じる「明るさ」は変わってしまうのです。

　光源によって照らされる面の明るさ、これが「照度」の考え方です。そして、国際単位系 SI の照度の単位がルクス［lx］（ラテン語で「光」の意味）です。1 ルーメンの光束が 1 m² の面を一様に照らすときの照度が、1 ルクスと定義されています。

　照度は、光源からの距離の 2 乗に反比例します。つまり、光源からの距離が 2 倍になれば、照度は 2 分の 1……ではなく、4 分の 1 になります。

星の明るさを表す単位たち
実視等級、絶対等級

実視等級の始まり

みなさんは、「夏の大三角」という星々を聞いたことがありますか？ はくちょう座のデネブ、わし座のアルタイル、こと座のベ

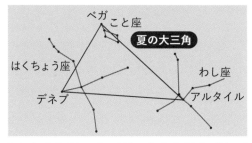

ガの３つの星を結んでできる大きな三角形です。夏の夜空を見上げれば、わりと簡単に見つけることができます。

この３つの星の中で、どの星がいちばん明るいか知っていますか？

古代ギリシアの天文学者**ヒッパルコス**（BC190 年頃〜 125 年頃）は、肉眼で見える星を、最も明るい星のグループから最も暗い星のグループまでの６段階に分類しました。明るいほうから順番に、1 等星、2 等星、……、6 等星というわけです（「**実視等級**」の起源）。はくちょう座のデネブは 1 等星です。しかし、この時代の「等星」は単なる「グループ分け」であって、「単位」ではありませんでした。

マイナス 1 等星もある !?

望遠鏡が発明されると、これまで肉眼では見られなかった星が見えるようになりました。これらの星は 7 等星や 8 等星に分類されましたが、学者によって分類が異なることもありました。

19 世紀に入り、イギリスの天文学者**ウィリアム・ハーシェル**（1792〜 1871 年）は、1 等星の明るさと 6 等星の 100 個分の明るさがほぼ等しいということを発見します。

このことをもとにして、イギリスの天文学者**ノーマン・ロバート・ポグソン**（1829 〜 1891 年）は、1 等級の差を約 2.512 倍（2.512 を 5

乗すると100になる）と定義しま
した。こう定義することで、1.2
等星や8.3等星というように、星
の明るさを細かく表せるようにな
りました。また、0等星や−1等
星という表し方も可能になりました。

約2.5倍ずつ明るくなっていく

1等星	………	100倍
2等星	………	約40倍
3等星	………	約16倍
4等星	………	約6.3倍
5等星	………	約2.5倍
6等星の明るさを「1」とする。		

　ここまで来れば、「○等星」という表現を「単位」と呼んでも差し支えないと思います。ただし、数値が小さいほど明るいという点に注意が必要です。

■ 絶対等級って？

　ここまでは、「地球から見たときの明るさ」の話です。実際には、地球から近い星は明るく、遠い星は暗く見えます。これでは、星の本当の明るさを示しているとは言えません。

等

みかけの等級［等星］／
visual magnitude
量：天体の明るさ
系：非SI単位
定義：定められた色フィルターで複数の基準星を撮影し、得られた光度を基準にして等級を定める。

　そこで、すべての星が地球から同じ距離にあったら……、と考えるわけです。これが「**絶対等級（absolute magnitude）**」です。絶対等級では、天体が10パーセク（約32.6光年、p.160）の距離にあったとした場合のみかけの等級で表されます。

　さて、夏の大三角の中でいちばん明るい星はどれでしょう？　答えは、次の表で確認してくださいね。

星	視等級	絶対等級	距離（光年）
太陽	− 26.73	4.83	0.000016
シリウス	− 1.47	1.424	8.60
ベガ	0.03	0.604	25.03
アルタイル	0.76	2.2	16.73
デネブ	1.25	− 6.932	1411.26
北極星	2.005	− 3.608	432.36

第6章　明るさ、視力、音の単位たち

143

視力に関する単位
ディオプトリ

どうやって視力を測る？

視力検査のときに、「右 1.2、左 0.8」などといわれますよね。数値が大きいほど「よく見える」ということは何となくわかるのですが、あの数値は何なのでしょう？　気になりますよね。

視力検査では、大小の「C」のような形がずらっと並んだ「視力表」がよく用いられます。あれは C ではなく、「ランドルト環」と呼ばれるものです。考案者であるフランスの眼科医エドムント・ランドルト（1846 〜 1926 年）に由来します。

0.1					
0.2					
0.3					
0.4					
0.5					
0.6					
0.7					
0.8					
0.9					
1.0					
1.2					
1.5					
2.0					

視力検査で大切なのは、ランドルト環の大きさではなく、切れ目です。「上」とか「左下」などと答えることで、切れ目を切れ目として認識できているかどうかを測定しているのです。

基準となるランドルト環の直径は 7.5 mm、切れ目の間隔は 1.5 mm です。この切れ目を 5 m 離れたところから見ると、視角が 1 分（1°の 60 分の 1）になります。この視角を分［′］で表したときの逆数が、「視力」を表す数値として使われます。この場合の視力は 1.0 。特に単位はありません。単位があればいいのにと思います。

では、視力 0.5 とはどのような状況でしょうか？

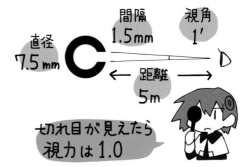

直径 7.5 mm　間隔 1.5mm　視角 1′　距離 5m

切れ目が見えたら視力は 1.0

次のような2つの測定方法が考えられます。

① 2.5 m の距離から 1.5 mm の切れ目を認識できる。

② 5 m の距離から 3 mm の切れ目を認識できる。

つまり、「近づく」か「切れ目を大きくするか」です。①と②の状況だと、ともに視角は2分に広がります。したがって、視力はその逆数である 1/2、すなわち 0.5 です。

検査を受ける人がいちいち動くのは大変なので、ランドルト環の大きさを変えて視力を測っているわけです。

■ 「ディオプトリ」とは？

小さな文字を読むときには、眼鏡をかけなければならない——私がそうです。眼鏡屋さんで自分にぴったりのレンズを選ぶのは、なかなか大変ですよね。

> **D** ディオプトリ／dipotre
> 量：屈折度、眼鏡レンズの度
> 系：非 SI 単位
> 定義：焦点距離をメートルで表した数値の逆数

レンズの屈折度を表す単位に、ディオプトリ［D］［Dptr］があります。ディオプトリは、レンズの焦点距離をメートル［m］で表した数値の逆数です。したがって、焦点距離が短いほど値は大きくなります。たとえば、焦点距離が 50 cm なら 2 D、25 cm なら 4 D……、というわけです。

しかし、そんな単位は見たことがないという方がいるかもしれません。では、ぜひ、百円ショップで老眼鏡を探してくみてください。どこかに、＋1.0 とか＋2.5 などと表示されているはずです。単位の表示がない場合も多いのですが、まず間違いなくこの数値は、ディオプトリで表された屈折度の数値だと思われます。

遠視・老眼用の凸レンズ、近視用の凹レンズの区別は、それぞれ＋と－の符号で表します。また、既製品のレンズは 0.25 D 刻みで作られているそうです。一般に「度が強い・きつい」というのは、ディオプトリの正負に関わらず数値が大きいことをいいます。

音に関連する単位たち
デシベル、ホン、マッハ

📟 騒音レベルの単位「ホン」

　以前、騒音計で計った騒音レベルをホン［phon］という単位で表していたのを覚えているでしょうか？　実は、1997年10月以降、ホンはデシベル［dB］に統一されています。ホンの定義とデシベルの定義は、表現は異なりますが、実質的には同じです。

　では、目安となるデシベルの値を紹介しましょう。

> 人の聴力限界 ‥‥‥ 0 デシベル
> 木の葉が触れ合う音 ‥‥‥ 20 デシベル
> 静かな公園、図書館 ‥‥‥ 40 デシベル
> 普通の会話 ‥‥‥ 60 デシベル
> 目覚まし時計 ‥‥‥ 80 デシベル
> 地下鉄の電車 ‥‥‥ 100 デシベル
> 飛行機のエンジンの近く ‥‥‥ 120 デシベル

　注意してください。目覚まし時計の音（80 dB）は、静かな図書館の音（40 dB）の2倍の数値ですが、これは2倍の音の大きさ（音圧）だということではありません。デシベルは、10倍の違いを20 dBの差として表すのでしたね（p.109）。両者の差は40 dB、したがって、100倍の違いがあるのです。ということは、80 dBの音で鳴る目覚まし時計を10個同時に鳴らせば、100 dBということです。

📟 光速と音速

　雷がピカッと光ったときに、「イチ、ニイ、サン、……」と数え出す人がいますよね。光速（光の速さ）と音速（音の速さ）とでは圧倒的に光速のほうが速いので、「ピカッ」と光ってから「ゴロゴロ」が聞こえ

るまでの時間がわかれば、雷雲までのおよその距離を知ることができるのです。

音速は、気温や気圧などの条件で変わります。気温が 15 ℃ のときは、音速は約 340 m/s です。これは知っておくと便利です。もっと詳しく計算したい場合は、次の式を使ってください。

1 気圧の下での音速 c m/s と気温 t ℃の関係の近似式

$$c = 331.5 + 0.6\,t$$

たとえば、「ピカッ」から「ゴロゴロ」までが 3 秒だったとしましょう。音速を 340 m/s とすると、340 m/s × 3 s = 1020 m。およそ 1 km のところに雷雲があるのです。これは、かなり近い！ 屋外にいる人は要注意ですよ！

■ 音速比「マッハ」

音速を基準にして、単位のように使うことがあります。たとえば、鉄腕アトムはマッハ 5 で飛行するという設定です。「マッハ 5」というのは、音速

> マッハ数／ mach number
> 量：比
> 系：単位とはいえない。
> 定義：飛翔体の速さとその流体中の音速の比

の 5 倍ということを表しています。この「マッハ数」は、超音速の先駆的研究で知られるオーストラリアの物理学者**エルンスト・マッハ**（1838 〜 1916 年）に由来します。

「単位のように」と言ったのは、さきほど述べたように、音速は条件によって変化するからです。マッハ数は音速との比較値であって、単位ではありません。

1 気圧、15 ℃ でのマッハ 1 は約 340 m/s（時速で表すと、約 1225 km/h）ですが、ジェット機が飛行するような成層圏でのマッハ 1 は約 1080 km/h です。水中だと、音は空気中よりも速く伝わります。20 ℃ の水中でのマッハ 1 は約 5400 km/h です。

オススメの「ルクス」は？

どれぐらいの明るさが必要？

　暗いところで作業をすると、目が疲れます。作業の効率も落ちてしまいます。「労働安全衛生規則」では、「精密な作業」なら 300 lx（ルクス）以上、「普通の作業」なら 150 lx 以上と定められています。しかし、それってどれくらいの明るさ（照度）なのでしょうか？

明るさの目安を知っておこう！

　6 畳の広さの部屋で 100 W 相当の蛍光灯を使うと、100 ルクスくらいです。しかし、この明るさで読書をするとなると、ちょっと暗いかもしれません。勉強や読書には、500 ～ 1000 ルクスはほしいところです。40 歳を越えると 20 歳の人に比べて約 2 倍、60 歳の人では 3 倍以上の明るさが必要といわれています。

　照度計があると便利です。安いものなら、1,000 円～ 3,000 円台で売っています。

必要とされる明るさ（照度）の目安
（JIS 照明基準、文部科学省ガイドラインより）

手芸・裁縫 ・・・・・・・・・・・・	1000 lx
ホテルのフロント ・・・・・・	750 lx
図書室 ・・・・・・・・・・・・・・・	500 lx
教室 ・・・・・・・・・・・・・・・・・	300 lx
学校の講堂 ・・・・・・・・・・・	200 lx
家庭のトイレ ・・・・・・・・・	75 lx
寝室 ・・・・・・・・・・・・・・・・・	30 lx

第 **7** 章

- ●「まとまった個数」を表す単位たち
- ● 単位を組み立てる
- ● 割合を表す単位たち
- ● 放射線に関する単位たち

個数、割合、放射線の 単位たち

「まとまった個数」を表す単位たち
モル、ダース、スコアなど

■ 「ダース」の使用上の注意

　高校の化学の授業で、先生が「モル
とダースは似ている」と言ったのを聞
いたことがあるかもしれません。それ
は、どういう意味なのでしょう？　そ

doz	ダース／dozen 量：同一種類の物を数え る単位 定義：同一種類の物品 12 個のこと

の前に、まずはダースの話から始めましょう。

　「ダースは、12 個だろ。それくらいわかってるよ」――なんて思って
いませんか？　いえいえ、そんなに単純ではありません。

　たとえば、5 つのリンゴと 7 つの卵を合わせて「1 ダース」とは言え
ません。「ダース」を使うからには、同種の物でなければいけないので
す。また、「ダース」は、単独で使うことはできません。「鉛筆 1 ダー
ス」のように、必ず物を特定する必要があります。

■ 「ダース」のどこがいいの？

　12 個を「ひとまとめ」にすると、何がよいのでしょうか？

　その答えは、「約数の個数」です。12 は、6 つの約数（1、2、3、4、
6、12）を持っています。だから、分けるときにとても便利なのです。
10 個のキャンディを 3 人で分けるのは難しいですが、12 個なら 3 人、
4 人でも、6 人、12 人でも公平に分配できます。

　1 から 11 までの整数の中で、約数を 6 つ持っている整数はありませ
ん。12 は 6 つの約数を持つ最小の整数なのです。そういう意味で、12
は「優等生」なのです。また、12 は 3 × 4 のように連続する整数の積
で表すことができます。これも、12 が好まれる理由だと思われます。

　似たような整数に 20 があります。約数を 6 つ持ち、連続する整数の
積で表せます（4 × 5）。20 個をひとまとめにして、「スコア（score）」

と呼ぶことがあります。

📖 モル［mol］とダース［doz］は似ている！

　モルとダースは似ています。違うのは、その個数です。1 ダースは 12 個を、1 モルは 6.022 140 76 × 10^{23} 個を、それぞれひとまとめにしています。したがって、「ビー玉が 1 ダースある」と「水分子が 1 モルある」という 2 つの文章は、構造的には全く同じなのですね。

　また、モルの使い方もダースと同じで、「1 モルの水分子」というふうに使います。同じ 1 モルでもその質量や体積は物質によって異なるので、必ず物質の組成を示してください。

　では、なぜ、1 モルはこんなに膨大な個数を「ひとまとめ」にしているのでしょう？　実は、この個数がちょうどよいのです。

　原子核は、陽子と中性子で構成されています。両方の合計をその元素の「**質量数**」といいます。たとえば、炭素の原子核には陽子と中性子がそれぞれ 6 個ずつあるので、質量数は 12 です。モルが狙ったのは、これです。モルの由来（旧定義）は、「12 g の ^{12}C（質量数 12 の炭素原子）の中に存在する原子の個数」でした。つまり、炭素原子を 1 モル集めると、ちょうど 12 g になるということです。

　さて、モルの個数には全く及びませんが、12 ダース（144 個）のことを 1 グロス（gross）といいます。さらに、12 グロス（1728 個）のことを 1 グレートグロス（great gross）といいます。

まとまりの
個数を
数える
のね。

単位を組み立てる
密度、人口密度、dpiなど

密度とは？

　この本の始めのほうで、国際単位系SIの基本単位は7つ、その他の必要な単位はSI基本単位から組み立てるのだと言いました。ここでは、組立単位の1つである「密度」についてお話しします。

　密度は、簡単に言えば「混み具合」です。一定の範囲の中にどれだけの量があるかを表します。特に断りなく「密度」という場合は、単位体積当たりの質量（体積密度）のことです。

　SIの密度の単位は、キログラム毎立方メートル $[kg/m^3]$ です。これは、1 m^3 当たりの質量を $[kg]$ で表している単位です。しかし、$[m^3]$ という単位が大きすぎて扱いづらい場合には、$[g/cm^3]$ が使われることも多くあります。

$$密度 [g/cm^3] = \frac{物質の質量 [g]}{物質の体積 [cm^3]}$$

　純粋な水の密度は、1 g/cm^3 と考えてよいでしょう。つまり、1 cm^3 の質量が1 gです。水の密度よりも小さい物質は水に浮き、大きい物質は水に沈みます。

いろいろな物質の密度

物質	密度（g/cm³）
木材（杉）	0.40
アルコール	0.79
灯油	0.80 〜 0.83
氷（0℃）	0.92
水	1.00

物質	密度（g/cm³）
ガラス	2.4 〜 2.6
海水	1.01 〜 1.05
鉄	7.86
水銀	13.5
金	19.3

面積の密度もある !?

　体積ではなく、面積を使う密度（面密度）もあります。たとえば、

「人口密度」がそうです。単位面積当たりに、どれくらいの人が住んでいるかを表します。一般的に面積の単位には、平方キロメートル〔km²〕が使われます。

$$人口密度〔人/km^2〕 = \frac{人口〔人〕}{面積〔km^2〕}$$

人口密度が最大の都道府県は東京都のおよそ 6260 人/km²（2019年）、また、日本全体の人口密度はおよそ 340 人/km²（2019年）です。

ちなみに、p.93 に登場した磁束密度の単位テスラ〔T〕は、単位面積当たりの磁束を表しているので、これも面密度の単位です。

■ 線の密度もある !?

体積密度、面密度があるのなら、線密度もあるのでしょうか？　もちろん、あります。自分で作ってしまっても OK です。

たとえば、豆を直線に沿ってまっすぐに並べることを想像してください。1 m 当たり何個の豆があるかを求めれば、それで〔個/m〕という単位のできあがりです。これは、「線密度」の単位の 1 つだと言えます。

さて、〔個/m〕と同じ発想の線密度の単位に〔dpi〕があります。これは dots per inch の略で、1 インチ（2.54 cm）の長さの中にいくつの点があるかを示す単位です。モニターやプリンタ、スキャナの解像度を表すときによく使われます。

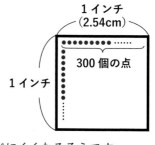

dpi
ディーピーアイ／
dots per inch
量：ドット密度
系：ヤード・ポンド法
定義：1 インチ当たり 1 ドットの
ドット密度

300 dpi の画像だと、1 インチに 300 個の点が並んでいます。1 辺が 1 インチの正方形の中には 300 × 300 = 90 000（個）もの点（画素）が入っているということです。理屈としては〔dpi〕の値が大きいほど解像度が高くなる

1 インチ
（2.54cm）
300 個の点
1 インチ

のですが、肉眼では 300 dpi を越えると差を感じにくくなるそうです。

割合を表す単位たち
割、パーミル、ppm など

🔲 10 分の 1 の割合を表す「割」

割合を示すパーセントには、ほかにたくさんの仲間たちがいます。いちばんよく知られているのは、「割」でしょう。これは、全体を 10 として考える割合の単位です。パーセントが「百分率」で、割は「十分率」というわけです。

割	わり 量：分率 系：非 SI 単位 定義：10 分のいくらであるかという割合を示す比率量。十分率

1 割と 10 ％ は同じ割合を示しています。「十割そば」とは、つなぎを使わずにそば粉だけで作ったそばのことです。「100 ％ そば」というより、「十割そば」と呼ぶほうがおいしそうな気がします。

ところで、みなさん、銀行の普通預金の利率がどれくらいかご存じですか？　調べてみたら、年 0.001 ％ が最多でした（2020.06.16 現在）。これは、預けている人には大変残念なことですが、1000 万円を 1 年間預けても、その利子は 100 円にしかならないってことです！　計算間違いをしているのかと思ってしまうくらいです。こうなってくると、パーセントよりも小さな割合を表す単位がほしくなりますよね。

🔲 勾配を表す「パーセント」「パーミル」

パーセント記号［％］の右下に小さな○を 1 つくっつけた記号［‰］があります。これは、千分率を表す記号で、「パーミル」と読みます。1000 分のいくつかを表すときに使われます。また、万分率を表すパーミリアド［‱］もあります。

‰	パーミル／ permil 量：分率 系：非 SI 単位 定義：1000 分のいくらであるかという割合を示す比率量。千分率

パーセントやパーミルは、坂道の勾配（傾きの度合い）を表すときに

よく使われます。「10 % の勾
配」とは「水平に 100 m 進む
間に 10 m 昇るような勾配」、
また、「40 ‰ の勾配」とは「水
平に 1000 m 進む間に 40 m
昇るような勾配」を表していま
す。箱根登山鉄道には、80 ‰
の箇所（日本の鉄道で最大勾配）があります。

もっと小さな割合

百万分率、つまり、0.000 001 の割
合を表す単位があります。parts per
million の頭文字を使って、[ppm] で
す。大気中の汚染物質の濃度を表すと
きなどに使われます。

> **ppm** ピーピーエム／ ppm
> 量：分率
> 系：非 SI 単位
> 定義：100 万分のいくら
> であるかという割合を示す比率量。
> 百万分率
> 備考：主に濃度に用いる。

この [ppm] を使って先ほどの金
利を表すと、100 ppm になります。現在の金利には、これぐらいの単
位を使うのがちょうどいいんじゃないかと思えてきます。

次のように、さらに小さな割合を表す単位も用意されています。日本
では、[ppq] までが法定計量単位として認められています。

百分率（パーセント）	1 %	= 0.01
千分率（パーミル）	1 ‰	= 0.001
万分率（パーミリアド）	1 ‱	= 0.0001
百万分率（ppm）	1 ppm	= 0.000 001
十億分率（ppb）	1 ppb	= 0.000 000 001
一兆分率（ppt）	1 ppt	= 0.000 000 000 001
千兆分率（ppq）	1 ppq	= 0.000 000 000 000 001

放射線に関する単位たち
グレイ、シーベルト

■ 放射線を受ける側の単位

　p.119 で、強い放射線は人体に悪影
響を及ぼすことがあると言いました。
そうすると、その影響の度合いを表す
ために、ベクレル［Bq］とは別の「放
射線を受ける側」の単位が必要になり

Gy	グレイ／gray
	量：吸収線量
	系：固有の名称を持つ SI 組立単位
定義：放射線の照射により物質 1 kg につき 1 J のエネルギーが吸収されたときの吸収線量	

ます。これはちょうど、光を放つ側の単位カンデラ［cd］と、光を受
けて照らされる側の単位ルクス［lx］の関係に似ています。

　放射線が物質に当たると、その物質はエネルギーを吸収します。この
エネルギー量を「**吸収線量**」といいます。

　国際単位系 SI の吸収線量の単位
は、グレイ［Gy］です。1 グレイは、
物質 1 kg 当たり 1 ジュールのエネ
ルギーが吸収されたときの吸収線
量です。単位の名称は、イギリス
の放射線物理学者**ルイス・ハロル
ド・グレイ**（1905 ～ 1965 年）に
由来します。グレイ［Gy］もベク
レル［Bq］も、1975 年から使われ
るようになった単位です。

様々な自然放射線

宇宙　食物　大気　大地

放射能 ベクレル［Bq］	吸収線量 グレイ［Gy］	線量当量 シーベルト［Sv］
放射性物質に、どれくらいの放射線を出す能力があるのかを示す。	物質や人体の組織に、放射線のエネルギーがどれくらい吸収されるのかを示す。	人体が放射線によって、どれくらいの影響を受けるのかを示す。

人体がどれくらいの影響を受けるか？

　グレイ［Gy］は、放射線を受ける側が生物か無生物かを区別しません。人体が放射線を受けた場合は、放射線の種類（α線、β線、γ線、X線など）や対象組織（臓器、皮膚、骨など）によって影響が異なります。そこで、放射線が生物（人体）に与える影響を共通の尺度で表した、「線量当量」の単位が必要となります。

　この線量当量の単位が、原発事故後によく聞かれるようになったシーベルト［Sv］です。単位名は、スウェーデンの物理学者**ロルフ・マキシミリアン・シーベルト**（1896 〜 1966 年）に由来します。

　具体的には、グレイ［Gy］で表された吸収線量に、修正係数を乗じて線量当量を算出します。

$$[Sv]＝（修正係数）×[Gy]$$

　この係数は、経済産業省令で定められています。

Sv	シーベルト／sievert 量：線量当量 系：固有の名称を持つSI 　　組立単位
	定義：グレイ［Gy］で表した吸収線量の値に経済産業省令で定める係数を乗じた値が1である線量当量（日本での定義）

日常生活での放射線

　実は、私たちは普通に生活しているだけで、宇宙から、空気中から、地面から、そして食物から、年間平均して 2.4 mSv の放射線を受けています（**自然放射線**）。

　また、私たちはレントゲンやCT の撮影で、放射線を受ける（被曝する）ことがあります。1 回の胸部レントゲン撮影での被曝は 0.1 mSv 程度で（部位によって違いがあります）、この程度なら健康に影響を及ぼすほどではないといわれています。しかし、放射線は安全だなどと安易に考えないようにしたほうがよいですね。

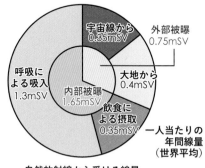

自然放射線から受ける線量

小さい長さの単位

1マイクロメートルって、どれくらい？

　私たちが日頃使っている長さの単位で、いちばん短いのは多分ミリメートル［mm］ですよね。「1ミリも知らない」なんて表現があるくらいですから、日常生活で1mmよりも短い長さを気にすることは、シャープペンシルの芯の太さくらいでしょうか。

　しかし、気にしなくてはならないときもあります。大気中にはたくさんの微粒子が浮遊していて、このうち粒子の直径がおよそ2.5 µm（マイクロメートル）以下のものが最近よく耳にする「PM2.5」です。

　1 µmは1mmの1000の1ですから、2.5 µmとは0.0025 mmということです。

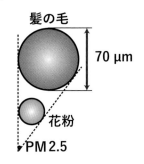

髪の毛

70 µm

花粉

PM 2.5

髪の毛の直径（約0.07 mm）や花粉の直径（約0.03 mm）よりもまだ小さいのです！　このような微小粒子は肺の奥深くまで入り込みやすく、呼吸器系の疾患を起こす可能性を高めます。

1ナノメートルって、どれくらい？

　1 µmの1000分の1の長さが1nm（ナノメートル）です。インフルエンザウイルスの大きさが80 ～ 120 nm、コロナウイルスが50 ～ 200 nmですから、1nmはそれよりもずっと小さい長さです。

　［nm］は、原子や分子の大きさを表すときによく使われます。たとえば、水素原子の大きさが約0.1 nmです。0.1 nmとは、1mの100億分の1。この長さが1 Å（オングストローム）です。

電子

水素の原子核

0.1 nm

第**8**章

意外と知らない
身近な単位たち

長い長い距離を表す単位たち
光年とパーセク

📺 光が1年間で進む距離

　若い方は知らないかもしれませんが、1974～1975年に松本零士原作のアニメ『宇宙戦艦ヤマト』がテレビで放映されました。このアニメでは、ヤマトに乗った乗組員たちが、地球から14万8000光年離れた大マゼラン星雲の中にあるイスカンダル星（架空の星）まで、放射能除去装置コスモクリーナーDを取りに行くという設定になっています。

　ここに登場する「光年」は、時間の単位ではなく、長さの単位です。「光年」は、光（電磁波）が1年間に進む距離のことです。光の速さは、およそ秒速30万km。これは、1秒間に地球を7周半できるくらいの速さです。こ

> **ly** 光年／light year
> 量：長さ
> 系：非SI単位
> 定義：光が自由空間を1年間に通過する長さ
> 備考：
> 1 ly ＝ 9 460 730 472 580 800 m
> （正確に）≒ 9.46 Pm（ペタメートル）

こから計算すれば、1光年はおよそ9兆4607億3047万km。桁が大きすぎて、実感するのが難しい距離ですね。ちなみに、1光年は約 63 000 au（天文単位）です。

　光年の単位記号は［ly］です。これは、「光年」を表す light-year（ライトイヤー）の頭文字を並べたものです。そういえば、映画『トイ・ストーリー』シリーズに、「バズ・ライトイヤー」というキャラクターが登場しますね。

160

地球には、「光年サイズ」の物体はありません。光年は、天文学的な距離を表すのによく用いられます。たとえば、地球から最も近い恒星であるプロキシマ・ケンタウリまでの距離は、約4.25光年です。

■「視差」を使って距離を測る

光年よりも長い距離を表す単位があります。それが、パーセク［pc］です。1 pcは約3.26光年です。

pc	パーセク／parsec 量：長さ 系：非SI単位 定義：1天文単位が円弧で1秒の角度を張る距離 備考：1 pc ≒ 3.085 68 × 10^{16} m

パーセクは、どのように定義されているのでしょうか？　まずは、顔の前に腕を伸ばして、指を立ててください。この指を左目だけで見るのと、右目だけで見るのとでは、少し位置がずれて見えます。この差は「視差」と呼ばれ、普通は角の大きさで表されます。対象物までの距離が遠ければ遠いほど、視差は小さくなります。

さあ、ここからは気分を大きくして想像してください。左目を地球、右目を太陽、対象物を恒星とします。地球と太陽の距離（1天文単位）はわかっていますから、視差さえ測定できれば、あとは三角測量の原理で恒星までの距離を計算で求めることができるのです。

視差が1秒（1度の3600分の1の角度）のときの恒星までの距離が、1パーセクです。「パーセク」は、parallax（視差）とsecond（秒）を組み合わせてできた言葉です。ちなみに、プロキシマ・ケンタウリまでの距離は、約1.3パーセクです。

文字の大きさを表す単位たち
ポイント、級

Word の初期設定での文字のサイズ

これだけパソコンが普及していますから、パソコンで文章を書くというのは当たり前になってきています。もちろん、この文章もパソコンを使って書いています。

さて、みなさんは文書作成ソフト Word の初期設定での文字のサイズをご存じですか？　自分が使いやすいようにカスタマイズしていないかぎり、文字のサイズは「10.5」になっているはずです。

この「10.5」とは、活字の1辺の長さを表しています。使われている単位は、ポイント［pt］です。ポイントは、主に活字の大きさを表すときに用いられる長さの単位です。1 pt は 72 分の1インチ（約 0.353 mm）です。

> **pt**
> ポイント／ point
> 量：長さ（活字）
> 系：ヤード・ポンド法
> 定義：（1/72）インチ
> 　　　（＝ 0.3527… mm）
> 備考：単位記号は［ポ］が使われることもある。

これが本当の「キラキラネーム」？

「忖度」「檸檬」「別離」「炎」など、読み方がわかりにくい漢字や、通常とは異なる読み方をさせたいときに、小さな文字で振り仮名を付けることがあります。このような振り仮名は、「ルビ」と呼ばれます。「ルビ」とは、宝石のルビーのことです。

欧米では活字の大きさに「パール」や「ダイヤモンド」など、宝石の名前のニックネームをつけて呼んでいました。振り仮名が「ルビ」と呼ばれるのは、昔、日本で

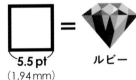

5.5 pt
(1.94mm)
＝ ルビー

振り仮名用に使っていた活字のサイズが、イギリスでのルビー（5.5 pt の活字）に近かったことに由来しています。

■ メートル法の文字サイズ

文字サイズを表す単位には、「級」もあります。写植機（写真植字機）の活字の大きさを表す際によく使われます。単位記号は［Q］です。「級」だか

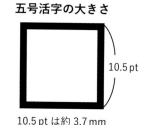

Q

級
量：長さ（活字）
系：メートル法
定義：(1/4) mm
　　　（= 0.25 mm）

ら［Q］なのではありません。1 Q の長さは 0.25 mm。つまり、1 mm の 4 分の 1 です。Q は英語の **quarter**（4 分の 1）の頭文字なのです。

文字のサイズを［Q］で表すと、4 Q でちょうど 1 mm、20 Q なら 5 mm ということになり、メートル法を使い慣れている私たちにはとても便利です。しかし、多くの文書作成ソフトでは、ヤード・ポンド法の単位であるポイントが使われています。これは、ひとえに、コンピュータの業界ではアメリカの影響が強いということを示しています。

ちなみに、今みなさんが読んでいるこの文字の大きさは、14 Q（3.5 mm）です。

■ 10.5 ポイントとは？

では、最初の話題に戻ります。Word の初期設定の文字サイズは、なぜ 10.5 pt なのでしょう？

日本では、明治から昭和にかけて「号数活字」と呼ばれる活字のサイズがありました。サイズの種類は、初号～八号までの 9 種類。このうち、書籍の本文や公文書では、五号活字が標準とされていたのです。これが 10.5 pt に相当します。

五号活字の大きさ

10.5 pt

10.5 pt は約 3.7 mm

また、本文の五号に対して、ルビには七号（5.25 pt に相当）が使われました。

現代のパソコンソフトの文字サイズのリストの中に「10.5」があるのは、明治の文字サイズの名残だったのですね。

糸の太さを表す単位たち
番手、デニール、テックス

糸の質量を基準にする「番手」

糸の太さをどうやって表しましょう？

「なぜ、そんなことを聞くの？」と思われるかもしれません。糸の太さは、長さの単位を使って表すことができます。シャープペンシルの芯の太さだって、長さの単位を使って 0.5 mm とか 0.3 mm などと表しています。だから、糸の太さも長さの単位を使って表せばよいのです。

しかし、現実には別の単位が使われています。糸は細いし柔らかいので、その太さを直接測るのはとても難しいからです。そこで、簡単に「糸の太さ」を表すために、2 つの方法が考え出されました。糸の質量を基準とする「恒重式」と糸の長さを基準とする「恒長式」です。

恒重式の単位としては、「番手」が有名です。繊維の種類の違いや国の違いにより、多くの番手が存在します。たとえば羊毛の場合、1 kg の糸の長さが 1 km なら 1 番手、2 km なら 2 番手です。つまり、番手の数が大きいほど糸は細くなります。

糸の長さを基準にする「デニール」

女性ならストッキングなどに使われている糸の太さが、デニール [D] という単位で表されているのをよく知っているでしょう。逆に、男性はデニールについてほとんど知らないのではないでしょうか？　性別によって、これほど認知度の違う単位も珍しいと思います。

デニールは恒長式の単位で、9000 m
の長さの糸を基準とします。9000 m
の糸の質量が 60 g なら 60 デニール、
80 g なら 80 デニールです。番手と
違って、デニールは数値が大きいほど
糸は太くなります──こんなこと、女性ならきっと常識ですね。

D	デニール／ denier
	量：線密度、繊度、糸の太さ
	系：非 SI 単位
	定義：9000 m 当たり 1 g である糸の太さ

　60 デニールのタイツには、「ほどよ
い透け感」があります。もちろん、80
デニールのタイツのほうが温かいので
すが、透け感はほとんどなくなり、「お
しゃれ度」は下がるそうです。

　ちなみに、ストッキングとタイツの
境界線は、30 ～ 40 デニールあたりと
いわれています。

■ これからの恒長式は「デシテクス」？

　デニールの弱点は、9000 m を基準
の長さとしているところです。これで
は、十進法を使っている他の多くの単
位との相性がよくありません。

　そこで、デシテクス［dtex］の登場
です。

tex	テクス／ tex
	量：線密度、繊度、糸の太さ
	系：非 SI 単位
	定義：1000 m 当たり 1 g である糸の太さ。［mg/m］に同じ

　この単位は、テクス［tex］という単位に「10 分の 1」を表す接頭辞
「デシ d」を付けたもので、10 000 m の長さの糸が 1 g なら 1 デシテク
スです。単位の名称は、英語の textile（織物、布）に由来します。

　化学繊維の業界では、1999 年からデシテクス［dtex］という単位に
切り替えることになりました。ただし、一般に浸透するまでには、まだ
まだ時間がかかりそうです。

真珠、ダイヤモンド、金に関する単位たち
匁、カラット、金、トロイオンス

■ 買ってうれしい花一匁

　質量の単位「匁」については、p.68
で紹介しました。「♪買ってうれしい
花一匁」のわらべ歌『はないちもん
め』に登場する「匁」です。1 匁は

mom	もんめ（匁） 量：質量（真珠用） 系：尺貫法 定義：(1/1000) 貫 備考：1 mom = 3.75 g

3.75 g です。しかし、この「花一匁」は「3.75 g の花」という意味で
はなく、花を買うときの銀の重さが 1 匁ということです。

　匁は尺貫法の単位なので、もちろん SI 単位ではありません。しかし、
真珠、和ろうそく、タオルなどの業界では、現在でも使用されています。
ただし、細かなことを言えば、日本の計量法が匁の使用を認めているの
は、「**真珠の質量の計量**」の場面だけです。国際的には［mom］と表
記されています。

　1 匁（3.75 g）といわれても、どれほどの質量か思い浮かばないかも
しれません。実は、私たちが日頃使っている五円硬貨の質量が 1 匁です。
匁という単位はほとんど使われなくなりましたが、身近なところで使わ
れ続けていたのですね。

■ 1 カラットは何グラム？

　真珠の次は、ダイヤモンドです。

　ダイヤモンドなどの宝石の質量を表
す単位として、カラット［ct］がよく
知られています。小さくて高価な宝石

ct	カラット／ carat［ct］［car］ 量：質量（宝石用） 系：非 SI 単位 定義：200 mg（正確に）

ですから、［kg］では大きくて使いづらいのです。［g］でもまだ大きい。
1 カラットは 200 mg です。これくらいの大きさの単位が、ちょうど
使いやすいのです。10 カラットのダイヤモンドで、ちょうど 2 g にな

ります。

　カラットは、名前も質量も、マメ科の植物デイコの種子のアラビア名
quirrat（キラト）に由来するといわれています。種子1個が、もとも
との「1カラット」だったのでしょう。

　ちなみに、ダイヤモンドは1 cm³ の質量が約3.52 g。
したがって、1カラット（0.2 g）のダイヤモンドの
体積は約0.056 cm³。これがサイコロのような立方体
のダイヤモンドだとすると、1辺の長さは約3.8 mm
という計算になります。

■ 1カラットは何パーセント？

　最後に、金（きん）です。

　金に関しても「カラット」が使われ
ます。ただし、金の場合は、質量では
なく金の純度（含有率）を表します。
単位記号は［K］です。万年筆のペン

K	カラット、金／karat［Kt］ 量：金の純度 系：非SI単位 定義：24のいくつに当たるかを表す比率量

先に「18 K」や「12 K」などと表示されていることがあります。日本で
は、これらを「18金（きん）」「12金（きん）」と略称しています。

　カラットでは、金の純度を24分率で表します。金属全体の質量を24
としたとき、そこに含まれる金の質量がどれくらいかで示すわけです。
純金なら24 K です。18 K なら24分の18、つまり金の含有率は75 %
だということですね。

　金などの貴金属の質量は、トロイオンス［oz tr］を使って表されるこ
とがあります。これは、p.71で扱ったオンス［oz］とは別の単位です。

　1トロイオンスは、正確に31.103 4768 g です。いわゆる「金の延べ
棒」は、「ラージ・バー」と呼ばれるサイズの場合、1本が400トロイ
オンス（約12.5 kg）です。とても片手では持てません！

地震の揺れの大きさを表す指標
震度は 10 階級に分類されている！

■「震度」は単位ではない！

テレビやラジオでは、最大震度 3 以上の地震が発生した場合、だいたい次のような発表が行われます。

「先ほど、10 時 20 分頃、○○地方を中心に地震がありました。震源は××、地震の規模を示すマグニチュードは△△でした」

マグニチュード（p.126）については、必ずと言っていいほど、「地震の規模を示す」という前置きが入ります。これは、「震度」との混同を避けるためだと思われます。さらに、震度に関する情報が続きます。

「各地の震度は、次の通りです。震度 4 が観測された地域は○○、××、……、震度 3 が観測された地域は△△、□□、……」

震度は、実は単位ではありません。地震の揺れの大きさを表す指標値です。

地震の揺れは、一般に震源地に近いほど大きく、遠くなるほど小さくなり

> 震度／ seismic intensity
> 系：階級であり、単位ではない。
> 定義：ある地点における地震の揺れの大きさを階級制で表す指標

ます。また、地盤の硬さなどの影響を受けます。したがって、同じ地震でも観測する地点によって、震度は大きく異なります。ニュースなどでたくさんの地名が列挙されるのは、そのためです。

■ 震度 8 はありません！

テレビやラジオで使われている「震度」は、「気象庁震度階級」というもので、これは日本独自のものです。以前の震度は、気象台や測候所の担当官が体感および被害状況から推定していま

したが、今では計測震度計での観測に移行しています。

震度は、下の表のように 10 階級が設定されています。震度 1 を「微震」、震度 4 を「中震」などと呼んでいた時期がありましたが、1996年にそのような名称は廃止されています。また、震度 5 と 6 にそれぞれ「弱」と「強」が設けられたのも、1996 年のことです。

震度は、地震の揺れの大きさを階級制で表しているので、「震度 2.8」などという小数はありません。また、震度 7 が最大の階級です。震度 8や 9 は存在しません。

気象庁震度階級（消防庁ホームページより）

震度 0	人は揺れを感じない
震度 1	屋内にいる人の一部が、わずかな揺れを感じる。
震度 2	屋内にいる人の多くが、揺れを感じる。 眠っている人の一部が、目を覚ます。
震度 3	屋内にいる人のほとんどが、揺れを感じる。 恐怖感を覚える人もいる。
震度 4	かなりの恐怖感があり、一部の人は、身の安全を図ろうとする。 眠っている人のほとんどが、目を覚ます。
震度 5 弱	多くの人が身の安全を図ろうとする。 一部の人は、行動に支障を感じる。
震度 5 強	非常な恐怖を感じる。行動に支障を感じる。
震度 6 弱	立っていることが困難になる。
震度 6 強	立っていることができず、はわないと動くことができない。
震度 7	揺れにほんろうされ、自分の意思で行動できない。

知らないところで使っている液量オンス

液体の体積を表すオンス

　オンス［oz］といえば、質量の単位です（p.71）。これとは別に、液体の体積を表すときに使うオンスもあります。質量と区別するために、「**液量オンス（fluid ounce）**」［fl oz］と呼ばれています。1 液量オンスは、イギリスでは約 28.41 mL、アメリカでは約 29.57 mL です。

　実はこの単位、私たちが気づかないだけで、けっこう使っているのです。たとえば、海外に買い物旅行によく行かれる方なら、免税の範囲について詳しいですよね。香水は 2 オンスまで免税されます。この「オンス」は「液量オンス」なので、約 56 mL までが免税ということです。

知らないところで使っている液量オンス

　液量オンスはヤード・ポンド法の単位ですし、香水なんて使ったことがないという人には、こんな単位は縁遠いと思われるかもしれません。しかし、それでも多分、液量オンスのお世話になっています。

　たとえば、紙コップ。一般的によく使われている紙コップのサイズは、7 fl oz（約 205 mL）です。スターバックスの紙コップには、ショート 8 fl oz（240 mL）、トール 12 fl oz（350 mL）、グランデ 16 fl oz（470 mL）、ベンティ 20 fl oz（590 mL）などの種類があります。

　ちなみに、「ベンティ Venti」とは、イタリア語で「20」という意味です。

主要参考文献

書籍

◆ 小泉袈裟勝『単位のいま・むかし』日本規格協会、1992 年

◆ 小泉袈裟勝『続 単位のいま・むかし』日本規格協会、1992 年

◆ 小泉袈裟勝『数と量のこぼれ話』日本規格協会、1993 年

◆ 海老原寛『新版 単位の小辞典』講談社、1944 年

◆ 二村隆夫 監修『単位の辞典』丸善、2002 年

◆ 小泉袈裟勝・山本弘『単位のおはなし 改訂版』日本規格協会、2002 年

◆ 小泉袈裟勝・山本弘『続 単位のおはなし 改訂版』日本規格協会、2002 年

◆ 星田直彦『単位 171 の新知識』講談社、2005 年

◆ 髙田誠二『単位の進化』講談社、2007 年

◆ 白鳥敬『単位と記号』学研教育出版、2013 年

◆ 星田直彦『雑学科学読本 身のまわりの単位』KADOKAWA ／中経出版、2014 年

◆ 星田直彦『図解・よくわかる単位の事典』KADOKAWA ／メディアファクトリー、2014 年

◆ 星田直彦『図解 よくわかる 測り方の事典』KADOKAWA ／メディアファクトリー、2015 年

◆ 星田直彦『あなたの知らない「身のまわりの単位」事典』PHP 研究所、2018 年

◆ 臼田孝『新しい 1 キログラムの測り方』講談社、2018 年

パンフレット

◆「国際単位系（SI）は世界共通のルールです」産業技術総合研究所 計量標準総合センター、2017 年

◆「よくわかる低周波音」環境省、2019 年

ホームページ

◆「新時代を迎える計量基本単位」産業技術総合研究所 計量標準総合センター、https://www.nmij.jp/transport.html

● さくいん ●

172

文・監修　星田直彦（ほしだ　ただひこ）

1962 年、大阪府生まれ。奈良教育大学大学院修了。
中学校の数学教師を経て、現在、桐蔭横浜大学准教授。
実生活や歴史の話題を多く取り入れた数学の講義が好評。幅広い雑学知識を生かして、「身近な疑問研究家」としても活躍している。
著書に、『単位キャラクター図鑑（監修）』（日本図書センター）、『単位 171 の新知識　読んでわかる単位のしくみ』（講談社）、『図解　よくわかる単位の事典』『図解　よくわかる測り方の事典』（KADOKAWA）、『楽しく学ぶ数学の基礎』シリーズ、『楽しくわかる数学の基礎』（SB クリエイティブ）などがある。
星田直彦の雑学のすゝめ　http://tadahiko.c.ooco.jp/

イラスト　姫川たけお（ひめかわ　たけお）

1993 年、京都府生まれ。京都府立大学生命環境学部卒業。
理系分野の知識を生かした制作活動を手がける「理系イラストレーター」。
著書に、『毒物ずかん：キュートであぶない毒キャラの世界へ（絵・まんが）』（化学同人）がある。
ウェブサイト　http://hakoirichemist.com

●写真提供（p.33）　国立研究開発法人産業技術総合研究所

- 本書の内容に関する質問は、オーム社ホームページの「サポート」から、「お問合せ」の「書籍に関するお問合せ」をご参照いただくか、または書状にてオーム社編集局宛にお願いします。お受けできる質問は本書で紹介した内容に限らせていただきます。なお、電話での質問にはお答えできませんので、あらかじめご了承ください。
- 万一、落丁・乱丁の場合は、送料当社負担でお取替えいたします。当社販売課宛にお送りください。
- 本書の一部の複写複製を希望される場合は、本書扉裏を参照してください。

JCOPY ＜出版者著作権管理機構 委託出版物＞

Unit Girls　単位キャラクター事典

2020 年 8 月 21 日　　第 1 版第 1 刷発行

文・監修　星田直彦
イラスト　姫川たけお
発行者　村上和夫
発行所　株式会社　オーム社
　　　　郵便番号　101-8460
　　　　東京都千代田区神田錦町 3-1
　　　　電話　03(3233)0641(代表)
　　　　URL　https://www.ohmsha.co.jp/

© 星田直彦・姫川たけお 2020

組版 Isshiki　　印刷・製本　三美印刷
ISBN978-4-274-50732-8　Printed in Japan

本書の感想募集　https://www.ohmsha.co.jp/kansou/
本書をお読みになった感想を上記サイトまでお寄せください。
お寄せいただいた方には、抽選でプレゼントを差し上げます。